每天懂一点
人生哲学

《菜根谭》中的修身养性智慧

章岩 编著

民主与建设出版社
·北京·

© 民主与建设出版社，2022

图书在版编目（CIP）数据

每天懂一点人生哲学：《菜根谭》中的修身养性智慧 / 章岩编著. — 北京：民主与建设出版社，2022.11
ISBN 978-7-5139-4015-3

Ⅰ.①每… Ⅱ.①章… Ⅲ.①人生哲学—通俗读物 Ⅳ.① B821-49

中国版本图书馆 CIP 数据核字（2022）第 205258 号

每天懂一点人生哲学：《菜根谭》中的修身养性智慧
MEITIAN DONGYIDIAN RENSHENGZHEXUE CAIGENTAN ZHONG DE XIUSHENYANGXING ZHIHUI

著　者	章　岩
责任编辑	周佩芳
封面设计	黄　浩
出版发行	民主与建设出版社有限责任公司
电　话	（010）59417747　59419778
社　址	北京市海淀区西三环中路 10 号望海楼 E 座 7 层
邮　编	100142
印　刷	天津旭非印刷有限公司
版　次	2022 年 11 月第 1 版
印　次	2023 年 1 月第 1 次印刷
开　本	710 毫米 ×1000 毫米　1/16
印　张	15
字　数	180 千字
书　号	ISBN 978-7-5139-4015-3
定　价	68.00 元

注：如有印、装质量问题，请与出版社联系。

序　圆融而不圆滑，知世故而不世故

世事洞明皆学问，人情练达即文章。

不管是谁，只要生活在这个人世江湖里，就注定离不开周围环境的影响。人情世故像一只无形的手，拨弄着芸芸众生的命运。

无论人世多么炎凉，但我们的心却不能凉。哪怕生活欺骗了你，也不要悲伤，不要心急，不要抱怨，在失意的日子里要冷静思考，相信快乐的日子将会来临。如果整天哀叹世态炎凉，抱怨世道和人心，那么我们必将在哀叹中什么事情都干不成。不仅干不成，而且还会堕入恶性循环，甚至抑郁痛苦，因此，人情世故不可不知、不可不懂！

不懂人情世故，做人做事都会莫名其妙地失败，但又总是找不到原因，只能痛苦地折磨自己。看惯了世间的尔虞我诈、你争我夺，很多人于是激愤地断言——所谓人情世故，就是投机逢迎！就是八面玲珑、世故圆滑！然而，真正的人情世故绝非如此。

对于人情世故，传统文化学者南怀瑾先生理解得比较透彻，他是这样说的："中国人所谓人情世故，是指了解人的情绪思想的常律及其变化，而懂得应对得当……讲到人情世故，中国人现在往往把这个词用反了，这是很坏的事。中国文化所讲的'人情'是指人与人之间的性情。人情这两个字，现在解释起来，包括了社会学、政治学、心理学、行为科学等学问都在内，也就是人与人之间融洽相处的感情。'世故'就是透彻了解事物，懂得过去、现在、未来。'故'就是事情，

'世故'就是世界上这些事情，要懂得人，要懂得事，就叫做人情世故。但现在反用了以后，所谓这家伙太'世故'，就是'滑头'的别名；'人情'则变成拍马屁的代用词了。就这样把中国文化完全搞错了！"正因人们成见太深，所以我认为有必要在此拨乱反正，让人情世故回归它的本质和正源。

关于中国式人情世故，鲁迅先生曾经一针见血地说："人世间真是难处的地方，说一个人不通世故，固然不是好话，但说他深于世故，也不是好话……然而据我的经验，得到'深于世故'的恶谥者，却还是因为'不通世故'的缘故。"世界复杂，做人很难，一个人不懂人情世故，就是心智不开窍、不成熟，会被戴上"呆傻""迂腐"的帽子。但如果说一个人太世故，则意味着这个人太滑头，太空太虚，说话做事都靠不住。如果一个人太世故的名声传出去了，人人都会怀疑他的做事动机，怀疑他心中是否还有真诚和良知。一旦落下这样的名头，还会有谁跟你交朋友、做生意呢？做人做事岂能有成功的一天？岂不是走到哪里都要撞墙碰壁？就算整天与人聚会吃喝，看似左右逢源，结交的也都是酒肉朋友。利害当前，转眼间，朋友成陌路，哥们儿变仇敌。

那么，人情应该如何维护，世故分寸如何把握呢？一言以蔽之，圆融而不圆滑，知世故而不世故。这才是老祖宗告诉我们的大智慧。老祖宗为我们提出的理想模式是："修身齐家治国平天下。"一个人生在天地间，就要掌握人情世故这门学问，竭尽全力干一番事业，这样才不枉来世间走一遭。

目　录

第一章　人情世故从修身开始

明代政治家刘伯温说:"人情旦暮有翻覆,平地倏忽成山溪。"你看,就连"上知天文、下知地理"的刘伯温对人情世故都如此重视,何况生活在混沌尘世的我们呢?而人情世故的修炼要从修身开始。正所谓"修身齐家治国平天下",只有把身心修好了,你才能如鱼得水。

高情商法宝——制怒 / 3
物欲是最好的试金石 / 6
心智清醒的良药——事悟和性定 / 10
人情世故必修课——中庸的智慧 / 13
君子戒条——孤家寡人是这样炼成的 / 16
为人处世要牢记的四项基本原则 / 19
清能有容,仁能善断 / 23

第二章　大道至简,不忘本心

所谓人情世故,就是处理人和世界的关系。从本质上说,世界的问题永远是人的问题,人的问题与内心有关。无论是科学的灵感,还是人情世故方面的开窍,都需要我们内心的顿悟。从外寻到的都是皮毛,只有从本心得到的才是源头。

扫除外物,直觅本来 / 29
心静自然凉,心远地自偏 / 33

心如天空，情绪与天气同样多变 / 37
内心清净，喧嚣尘世也会变为圣洁之地 / 40
你的心胸有多大，世界就会有多大 / 43
成事密码——心既要虚又要实 / 47

第三章　圆融而不圆滑，知世故而不世故

　　关于世故，鲁迅先生说："人世间真是难处的地方，说一个人不通世故，固然不是好话，但说他深于世故，也不是好话。"由此可见，我们一方面要学习人情世故，另一方面要修身养性，摒除人情世故所带来的圆滑尘俗之气。

趋炎附势的成功不长久 / 53
知世故而不世故，玩物而不丧志 / 56
哀叹世态炎凉，不如去除心中冰炭 / 59
如何看待成功和失败——初心和末路 / 62
人生要担得起，也要能放得下 / 64
做人要收放自如 / 67

第四章　喜怒不形于色，好恶不言于表

　　人情世故修炼到最高境界是什么样？《三国志·蜀书·先主传》中给出了答案："喜怒不形于色，好恶不言于表；悲欢不溢于面，生死不从于天。"要想人情练达，关键是修养身心，心如古井，不起波澜。精明不如拙朴，锋芒毕露不如和气圆融。

个人喜好的误区 / 73
有爱好可以，但不可过分贪恋 / 76
聪明不如守拙，坚守自己的本性 / 79
天地不可无和气，人心不可无喜神 / 82

圆融和执拗，哪种性格福运长 / 85
六根清净的要诀 / 89

第五章　热闹中着冷眼，冷落处存热心

当人群狂欢之际，我们要保留几分清醒，而在人群冷落之际，我们又要保持一颗积极向上的热心。无论热闹和冷落，我们都要让自己不迷乱、不动心，在素简生活中实现人生价值。

忙处不乱性，死时不动心 / 95
闲时不迷乱，忙时不冲动 / 98
如何看待"隐逸山林"这件事儿 / 101
少就是多——素简的生活哲学 / 105
不要在困境中自暴自弃 / 109
找到你的智慧源泉 / 112

第六章　福从何来——随遇而安的人生哲学

人情世故的心法不在于尔虞我诈，而在于随遇而安。曾有这样一副对联："为名忙，为利忙，忙里偷闲，喝杯茶去；劳心苦，劳力苦，苦中作乐，拿壶酒来。"字里行间透着生活的大智慧。人生如茶，茶如人生，人生不过一杯茶，满也好，少也好，争个什么；浓也好，淡也好，自有味道；急也好，缓也好，那又如何？暖也好，冷也好，相视一笑。

福不可求，祸不可避 / 117
万事随缘，随遇而安 / 120
你的福厚福薄，就看这一点 / 123
不做老狐狸，但也别当小白兔 / 125
与天地精神相往来，并与世俗同处 / 128
畅情适性是人间逍遥之法 / 131

身心自在的做人境界 / 134

人生至味只是淡 / 137

第七章　从今天开始，让我们这样看世界

你如何看待世界、如何与世界相处，决定了你将变成什么样的人。哲学家尼采在《善恶的彼岸》中说："与恶龙缠斗过久，自己也会成为恶龙；当你凝视深渊时，深渊也在凝视你。"所谓人情世故，就是要学会处理世界和人情。要想不局限于小圈子，我们就要跳出自我看世界，看破功名富贵，看破顺境逆境，从而"以万物付万物""出世间于世间"。

境由心生的含义 / 143

人工与天然，何去何从 / 146

当你凝视深渊时，深渊也在凝视你 / 149

春日繁华似锦，不如秋日云白风清 / 152

富贵如浮云——如何看破富贵的本质 / 155

做人要有慈悲心，没有人是一座孤岛 / 158

以万物付万物，出世间于世间 / 162

把顺境和逆境一视同仁 / 165

第八章　拨开迷雾——人生就是悲欣交集

人生犹如迷魂阵，能跳出者又有几人？漫画家朱德庸说："人生就像迷宫，我们用上半生找寻入口，用下半生找寻出口。"在这人生的迷魂阵里，你是否遗失了内心那片郁郁葱葱的森林？你是否丢失了曾经的爱人？你是否冷却了自己的热血，模糊了自己的容颜？

至高的智慧 / 171

天下没有不散的宴席 / 173

走进人群，红尘就是道场 / 176
这辈子都要谨记的两个字 / 178
让烦恼飞，其实很简单 / 182
跳出人生的"迷魂阵" / 184

第九章　克服人性弱点，找回迷失的真我

古希腊哲学家德谟克利特说："动物如果需要某样东西，它知道自己需要的程度和数量，而人类则不然。"只要有机会，人人都可能被欲望驱使。这是人性的弱点。所以，人情世故不是请客吃饭这么简单，关键是你能否克服自己人性中的弱点，找回迷失的真我。

人性弱点——嗜欲如猛火 / 189
超凡入圣的条件——人生没什么不能放下 / 192
人生当断就断，永远没有最好的时机 / 195
不浮躁的智慧——静坐冥想让你返璞归真 / 199
禅的真谛——如何保持内心的澄澈 / 202
在物我两忘的境界里找回真我 / 205

第十章　齐家的智慧——家族兴盛的忠告

家族兴盛的秘诀是什么？孟子说："道德传家，十代以上；耕读传家次之；诗书传家又次之；富贵传家，不过三代。"如果子孙自己不争气，只是靠祖宗吃饭，即便暂时风光，也终究不会长久。要想家庭和睦、家族兴盛，留给孩子金山银山不如教给子孙做人做事的品德、规矩和学问。这些人情世故的智慧，才是留给后辈子孙的真正财富。

血浓于水，亲情不要掺和利益 / 211
给子孙金山银山，不如让他们自己去奋斗 / 215

非暴力沟通——解决家庭矛盾的好方法 / 219
别让坏朋友毁掉你和孩子们 / 222
为子孙造福的三个忠告 / 225

后记 / 228

第一章

人情世故从修身开始

明代政治家刘伯温说:"人情旦暮有翻覆,平地倏忽成山溪。"你看,就连"上知天文、下知地理"的刘伯温对人情世故都如此重视,何况生活在混沌尘世的我们呢?而人情世故的修炼要从修身开始。正所谓"修身齐家治国平天下",只有把身心修好了,你才能如鱼得水。

高情商法宝——制怒

原文

当怒火欲水正沸腾处,明明知得,又明明犯着。知的是谁,犯的又是谁?此处能猛然转念,邪魔便为真君矣。

译文

当怒火中烧、欲望之水正沸腾时,自己明明知道做某件事是有害的,但还是控制不住自己做了。知道的人是谁,犯错的人又是谁?此时此刻,如果能够猛然转念,悬崖勒马,我们就能从邪魔变成一位真正的君子了。

很多时候,我们就是在盛怒之下做出了不理智的事情。更可悲的是,我们明明知道做的事情不理智,可怒火却控制着我们的言语和行动,让我们犹如脱缰的野马,在错误的路上一路狂奔,一错再错。

冲动不可避免,毕竟人有七情六欲、喜怒哀乐。在大家印象中,圣人是完美的,是没有喜怒哀乐的。其实,圣贤也是人,心中也有愤怒和欲念,可圣贤之所以被尊称为圣贤,正是因为他们善于掌控内心的情绪和欲望。那么,如何才能管理自己的喜怒哀乐呢?当怒火在胸中燃烧、欲望之水在心中沸腾时，我们要用理智和意志去克制，将怒火和欲水控制在安全界限内。

传说有一个叫爱地巴的人，当他还很弱小的时候，经常有人找他麻烦，欺负他。他心中十分愤怒，但又强行压了下去。然后他就绕着自己的房子和土地跑上三圈。

后来，由于他勤奋做事，生活开始好起来，房子越来越大，土地也越来越多。但还是有人会找他的麻烦，惹得他十分生气。每当生气的时候，他还是绕着自家的房子和土地跑上三圈。之后，他心里的怒火就消失不见了。

再后来，他成为当地有名的财主。可是烦心事还是不少，仍然有人故意跟他对着干。每当要冲动发怒的时候，他还是像原来一样，绕着自己的房子和土地跑上三圈。由于他如今的房子很大，土地很多，三圈跑下来，就累得气喘吁吁、汗流浃背。

一天，他的孙子看到他又在跑步，就好奇地问："爷爷，为什么你生气的时候喜欢绕着房子和土地跑步？其中究竟有什么缘故呢？"于是，爱地巴对孙子讲述了自己的独门心法，他说："年轻的时候，每当别人跟我争论、吵架或者瞧不起我的时候，我就特别生气。为了克制心中的怒火，我就绕着自己的房子和土地跑上三圈。我一边跑一边告诉自己：'你个傻瓜，现在你的房子这么小，土地这么少，哪里还有时间和精力跟人生气呢？'这么一想，我心头的怒火就全没了，于是我就可以全心全意致力于手头的工作了。"

孙子若有所思地想了一会儿，又问道："爷爷，后来你成了咱们这里最富有的人之后，为什么还要绕着房子和土地跑步呢？"

爱地巴语重心长地说："孩子啊，你有所不知啊。虽然我很富有，但愤怒的情绪还是经常会有的。这个时候我就绕着自己的房子和土地跑，边跑边告诉自己：'你现在的房子这么大，你的土地这么多，你还缺什么呢？有些人随他说什么，何必非要跟他们计较呢？'这么一想，我心里的怒火一下子就全没了。"

这个故事告诉我们一个深刻的哲理——当你弱小的时候，欺负你的人特别多，但是你千万不要跟这些人纠缠下去，这样耗费的是你的时间和精力。不如把这些时间和精力用在工作中，努力提高自己的能力和价值。等你成为别人膜拜的对象，你将发现欺负你的人都变成追捧者了。

所以，在日常生活中，当我们遇到什么不顺心的人和事，一定要学会忍耐。同时，我们还要学会以宽容之心待人。海纳百川，有容乃大，这正是为人处世的行为准则。

清代大臣林则徐，少年时候就一表人才，深得父母和老师的喜爱。然而，他却有一个致命的缺点，那就是脾气暴躁，特别容易发火生气。有时候，别人不小心说错一句，他听到后就可能爆发怒火，让大家都下不了台。

为了改变他的这种坏习惯，父亲讲述了这样一则故事：曾经有两个壮汉捆绑着一个年轻人来到衙门公堂，状告这个年轻人对长辈不敬不孝，而且抢劫偷盗、无恶不作。衙门里的判官一听，当场火冒三丈，下令将年轻人打了五十大板，并押入监牢。

一天后，有个腿脚蹒跚的老人来到公堂之上，击鼓鸣冤，说有两个盗贼，不但偷了自己家的牛，还绑走了自己的儿子。判官经过审查，发现完全属实。那两个盗贼就是昨天那两个壮汉，而老人的儿子正是被关押在监牢之中的年轻人。判官后悔莫及，拍案大叫："哎呀，我爱生气的暴脾气竟然被坏人利用了啊！"

父亲的故事讲完了，林则徐很受触动。他举笔在白纸上写下"制怒"两个大字，悬挂在书房里，以此提醒自己牢记在心，不可被坏人利用了去。后来林则徐不断修炼自己的心性，遇事学会了三思而后行，不再冲动鲁莽，最终成为青史留名的大臣，被称为"中国开眼看世界的第一人"。

所谓制怒，就是要掌控自己的情绪。那么，如何防范情绪放纵的危害呢？《菜根谭》中说："有一念犯鬼神之禁，一言而伤天地之和，一事而酿子孙之祸者,最宜切戒。"翻译过来就是,一个念头邪恶,就可能触犯鬼神的禁忌;一句话说错,就可能破坏天地间的祥和之气;一件事情做错,就可能给子孙后代酿成大祸。由此可见,念头、情绪和言行不可随意放纵,必须有所约束和控制,否则会给自己及家人带来灭顶之灾。

物欲是最好的试金石

原文

把握未定者,宜绝迹尘嚣,使此心不见可欲而不乱,以澄吾静体;操持既坚者,又当混迹风尘,使此心见可欲而不乱,以养吾圆机。

译文

当我们的意志还不坚定、尚无自控能力之时,应该远离纸醉金迷的喧嚣场所,让自己这颗心不因受欲望诱惑而迷乱,这样才能保持澄净之心的本质。当意志坚定、可以自我控制之时,就应当多跟各种环境接触,即使看到诱惑,也不会使自己迷乱、堕落,从而涵养自己圆融练达的智慧。

俗语说:"少不读水浒,老不读三国。"这句话我们该如何理解呢?其实很简单,少年人血气方刚,做事容易冲动,而《水浒传》中讲的都是打打杀杀的故事,读了可能会使年轻人产生"英雄崇拜",效仿梁山好汉"替天行道",危害社会的同时又毁了自己的前途;上了年纪的人经历丰富,《三国演义》里充满阴谋诡计、尔虞我诈,读了之后,难免愈加老谋深算,从而影响做人做事的本性,最终导致无法静下心来颐养天年。

人的欲望,既是开拓世界的动力,但也是丧身亡命的根源。如果你抵挡不住物欲的诱惑,很可能会落入别人设置好的陷阱和圈套。

在亚洲某些地方,流行一种捕捉猴子的绝招,可以说屡试不爽。具体操作是这样的:猎人先找来一些椰子,然后将椰子挖空,用绳子把椰子固定在一棵树上。椰子洞里放上诱人的食物,洞口大小刚好能让猴子空着手进去,但如果握紧拳头,则无法拿出来。猴子很快就嗅到食物的味道,于是跑过来,慌忙把手伸进去抓。猴子手里抓着食物,攥紧拳头,无论如何都无法从洞里出来。即使这样,猴子也不肯放弃食物离开。就在这时,埋伏的猎人冲过来,猴子惊慌不已,但手仍紧紧抓住食物,只好眼睁睁地看着自己落入猎人的魔掌之中。

猴子是一种聪明的动物,但在欲望的诱惑下,竟然变得愚蠢无比。其实,它只需要把到手的食物放弃,就可以逃命,但猴子无法做到。可见战胜自己是多么困难的事情。面对物欲的诱惑,我们的所作所为又能比猴子强多少呢?

对现实中的每个人来说,谁都有渴望成功、做大做强的欲望,当一些虚幻的、不切实际的诱惑摆在面前时,这就是对我们的考验。

《道德经》第三章中说:"不见可欲,使民心不乱。"如果一个国君想让民心安定,就不可呈现太多眼花缭乱勾起老百姓欲望的东西,否则人心乱了,队伍就不好带了。同样,当一个人的意志力太弱,缺乏自控能力时,也应该远离外界诱惑,保持内心的澄净。说白了,就是眼不见为净。让自己远离物欲横流的场所。心灵不受污染,自然就更容易保持纯静的本色。

阿莱士是美国德州一家小电器公司的老板，1985年他的一个朋友想把一大笔钱投资到他的公司，打算与他将公司规模扩大，进入股票市场。要知道，当时股票疯狂上涨，每天都有上万个富翁诞生，这是多少人梦寐以求的发财机会！可阿莱士经过一周的考虑，断然拒绝了朋友的帮助，其中的一个原因是他没有控制和管理大型公司的经验，心里没有十足的把握。

后来，他的朋友找到其他合伙人，成为一家大公司的股东。赶上了好时候，股票一阵猛涨，朋友随之发了横财，买别墅，换跑车，可谓风光无限。与此同时，阿莱士却将自己辛苦经营多年的电器公司解散，将钱存起来，自己进入日本一家电器公司做了销售主管。

过了两年，席卷全美的股灾爆发，股票走势一再下滑，他的朋友从富翁顷刻间变得一无所有，最终选择自杀。而阿莱士却保存了实力，凭借自己积蓄的资金和在日本电器公司的管理经验东山再起。此后十几年，他成了德州最大电器公司的总裁。

为什么阿莱士没有在这次金融灾难中倒下呢？因为他懂得一个道理：一个人在没有能力或者没有把握得到之前，要勇于拒绝不该得到的东西，懂得克制物欲对内心的诱惑！

我们每个人都应该摒弃世俗的杂念，发现本心，回归本性，从而达到一种超脱的境界。遗憾的是，我们生活在物欲横流的现实社会，无法做到不染世俗尘埃。不过，如果你的意志力足够强大，则应当到物欲横流的场所，有意识地锻炼自己。虽然物欲大肆侵袭，但我们依然可以掌控自己的内心。欲水沸腾，而我们不妨冷眼旁观，甚至视而不见，让自己致虚极、守静笃，而后再静观其变，伺机而动。

人生需要历练，才能成熟起来。《菜根谭》中有句话："澹泊之守，须从秾艳场中试来；镇定之操，还向纷纭境上勘过。"大意是说，是否有淡泊宁静的志向，必须通过浓艳奢华的场合才能检验得出来；是否有镇定如一的节操,需要通过纷纷扰扰的环境勘验。

康熙年间,有个秀才走进一家书店,正好有人买《吕氏春秋》付款的时候,不小心掉在地上一枚铜钱。他赶紧走过去把这枚铜钱踩在脚底下,等买书人走后将铜钱捡起来装在自己口袋里。殊不知,秀才的这一系列举动,都被旁边一个老头看得一清二楚。老头假装什么都没看见,问秀才的名字,秀才告诉他后老头冷笑了两声,背手而去。

秀才后来科举顺利,被任命为常熟知县,他特别高兴,打理好行李就准备赴任。就在这时,江苏巡抚汤潜庵却突然通知他不用去赴任了,因为他的名字已经被列入检举弹劾名单中。闻听此事,秀才大呼冤枉,找到巡抚汤大人,当面质问:"我到底犯了什么错要被检举弹劾?"汤大人回答:"贪污!"秀才辩解道:"我还没赴任,哪里来的贪污赃款?望大人明察。"汤大人说:"你还记得曾在书店里做过什么事吗?你看见一枚铜钱就如此贪心,如果让你当了地方官员,岂不是要从老百姓口里去抢?"秀才至此方恍然大悟,原来当年那个问自己名字的老头,正是今天的巡抚大人,他不禁羞愧不已。

你看,一枚铜钱就试探出了人品,物欲果真是最好的人性试金石。我们大家都看过《西游记》,其中唐三藏西天取经,跋山涉水、魑魅魍魉、妖魔鬼怪,经历的考验不可谓不多。但他意志坚定,在各种磨难和诱惑中始终不忘西天取经的志向,所以能够取得真经,修得正果。很多人瞧不起唐僧,但扪心自问是否具有他的品质呢?

关于物欲对心智的修炼,《增广贤文》中有段话说得透彻:"未曾清贫难成人,不经打击老天真。自古英雄出炼狱,从来富贵入凡尘。醉生梦死谁成器,拓马长枪定乾坤。挥军千里山河在,立名扬威传后人。"如果一个人胸怀大志,想要修炼自己强大的内心,培养自己圆融练达的智慧,那么充斥在我们生活中的各种物欲,便是最好的试金石。

当你有了定力之后，不妨多与外界接触，即使面对诸多诱惑，也依然可以驾驭自我，而且会愈加坚定自己的信念，如同"出淤泥而不染，濯清涟而不妖"的莲花。在做一件事情的时候，如果你能看破事物的本质，人生成功那就水到渠成了。

心智清醒的良药——事悟和性定

原文

　　饱后思味，则浓淡之境都消；色后思淫，则男女之见尽绝。故人当以事后之悔悟，破临事之痴迷，则性定而动无不正。

译文

　　酒足饭饱之后，再想美味佳肴，则所有香浓寡淡的境界都消失了；色欲满足之后，再想淫欲之事，则男欢女爱的念头都断绝了。所以人们应当用事后的悔悟之心，破除事到临头或身在事中的执迷不悟，那么就能心性稳定，一举一动无不合乎正理。

　　事悟，就是指人们往往在做完事后才彻悟。性定，是指能够掌控自己的性情，让心性稳定、志向坚定，拒绝外界诱惑。一个人只有做到了事悟和性定，才能更好地规范自己的行为。

　　我们常说，"世上没有卖后悔药的"，当做一件事的时候，我们总是不仔细考虑后果，只见到对自己有利的一面，而不能做出全面而明智的判断，失去对事物的整体把握，因而最终结果总有诸多不如意。

现实生活中，我们往往在利益和欲望的驱动下，做出一些当时很痴迷事后很懊悔的事情。为了达到一时目的，我们忽略了应该遵循的原则，缺乏理性的思考，等到事情的恶果出来，我们才幡然醒悟："哎呀！当初怎么那么蠢，做出那样草率的决定！"关于事悟，有这样一个风筝的故事，值得我们为之深思——

天空中，一只风筝在飞着，忽高忽低。它被一根线拴着，而这根线则被一个男孩的手牵着。风筝迎着风，飞得越来越高。它越过高大的树，越过了高楼。

它高昂着头，在空中得意极了。它越来越骄傲，心里想："哼，如果没有这根线拉着我，我一定能够飞得更高、更远。我能一直飞到天边去！"于是它通过这根线对小男孩传话："请把这根线剪断，我讨厌它！没有它的牵绊，我一定可以飞得更高更远！"

小男孩说："不，我不能这么做，没有这根线，你会被风吹落的。"

风筝发脾气道："不可能，没有它，我只会飞得更好，更自由。我讨厌它！"

小男孩不理会它的请求，把手里的线拉得紧紧的。风筝见小主人不听从自己的意见，就更加生气了，它发疯般地挣扎，一心要摆脱那根线的束缚。

凶猛的风吹来，风筝借着风力，奋力一挣，只听"砰"的一声，线断了。它自由了。然而很快，风筝在狂风中就失去了方向。它忽左忽右没脑地乱飞，渐渐失去了力量，一头朝着大地扎下去。就这样，风筝坠落在一个臭水沟里。

在臭水沟的气味里，风筝醒悟了，认识到自己的狂妄和错误。它明白了一个道理，那根线虽然约束了自己，但也给了自己足够的动力和保护。

为什么我们总是在事前执迷不悟，事后才有所醒悟？难道这是人性的弱点吗？古希腊哲学家赫拉克利特说："人不能两次踏进同一条河流。"然而，我们在错误面前却是个例外。很多时候，我们明明做错了一件事，但再碰到同样的情况，我们可能还会义无反顾地一错再错。这大概就是俗语中说的

"好了伤疤忘了疼"吧。如何避免出现这样的问题呢？在处世方面，临事前多想想后果，斟酌权衡一下利弊，切不可急躁冒进。

然而，很多事情只有经历过、体验过才会消除迷惑，只有在事后才能保持冷静的思考。如果没有经历、体验过的人，面对诱惑就很难有真正的觉悟和清醒。正如现代文学家胡适在《梦与诗》中写道："醉过才知酒浓／爱过才知情重／你不能做我的诗／正如我不能做你的梦。"由此可见，面对世界上形形色色的诱惑，你的心性是否安定，一方面与自我天性有关，但更多与自我阅历有关。

曾国藩在日记里记载了一个故事：有一天，他做了一个梦，梦见自己看见朋友得了一笔意外之财，不由得动了羡慕之心。等到早上醒来，他回想梦中的情景，觉得自己非常可耻，反省自己不该存有此种贪念。正是基于他的这种时刻警惕和反省的好习惯，才成为了晚清中兴名臣。

我们所犯的过错，大都是意念在作祟。一时的贪念、痴念发作，尚未看清事情的本质，就已经迷失了自我，被眼前的假象迷惑，从而做出不理智的选择。

在这个物欲横流的社会，权势、财富、欲望都是人们所热衷和企盼的。可是，我们在追求这些东西的时候，切记不能迷失真我，而要学会剖解事物的本质，端正自己的行为，做出正确的判断，同时也应该善于吸取教训，积累经验，不可屡错屡犯。

一个人唯有心定下来，世界万物才能定下来。如果内心动荡不安，则万物都在摇摆不定之中。修身的根本不在外界，而在于修心，去除内心的妄念，让心静下来、定下来。心静性定，则万物无不自得。哪怕风云变幻，我们这颗心都将不随物流、不为境转，从而达到动静如一的境界。

人情世故必修课——中庸的智慧

原文

气象要高旷,而不可疏狂;心思要缜细,而不可琐屑;趣味要冲淡,而不可偏枯;操守要严明,而不可激烈。

译文

一个人的气度要高远旷达,但又不能太粗疏狂放;思维要细致周密,但又不能太杂乱琐碎;趣味要高雅清淡,但又不能太单调枯燥;节操要严正光明,但又不能偏执刚烈。

人一出世,就生活在特定的环境中,总不免要与各种各样的人打交道。因此,懂一点人情世故,学会为人处世,就成了我们一生也避不开的必修课。如何学会为人处世,处理好人与人之间的关系呢?中国的圣贤给我们指出一个智慧的法门——中庸之道。

儒家经典《中庸》说:"喜怒哀乐之未发,谓之中。发而皆中节,谓之和。中也者,天下之大本也;和也者,天下之达道也。致中和,天地位焉,万物育焉。"意思就是,喜怒哀乐的念头未发动叫作中,一旦发动都恰到好处、契合节拍叫作和。中是普天之下自性的根本,和是普天之下通达至境的通道。如果达到中和的境界,天地就各正其位,万物就发育成长。

由此可见,所谓中庸,就是中正、平衡、和谐,为我们揭示了一种不偏不倚、恰到好处的人生态度。通过对自身的教育、约束和监督，在为人处世时巧妙地把握分寸，不走极端，不说过头话，不做过头事。在现实中，做人要圆通，但不要圆滑。要通世故，但不可过于世故，否则就走向反面了。你可以有远大的抱负，尽情施展自己的才华，但不可过于狂妄。不可显露小聪明，不可恃才傲物，狂狷恣肆，视他人如粪土，将自己当成金玉宝山。

魏晋时期，中国历史上鼎鼎有名的人物嵇康，是竹林七贤的精神领袖，才气名重天下，但生性狂放不羁，做事不拘常理，对王侯公卿更是不屑一顾，嗤之以鼻，对谁都瞧不上眼。像这样的人，虽然有才华，但却很难融入社会，和当时很多权势人物都有矛盾冲突。

一天，位高权重的大将军钟会前来拜访嵇康。当时嵇康正与人在大树下打铁，见到钟会前来，嵇康旁若无人，对其置之不理，依然锻造他的铁器。过了很久，钟会正要离去，嵇康终于开口："你听到什么而来，见到什么而去？"

钟会觉得这次造访很没面子，生气地说："听到我所听的而来，见到我所见的而去。"自此对嵇康怀恨在心，成了仇人。钟会在皇帝面前屡进谗言，风华绝代的大才子嵇康最终没能躲过一个"言论放荡，诽谤经典"的罪名，处死刑场之上，年方四十岁，而且连自己最拿手的名曲《广陵散》也从此失传了。

大才子嵇康的志向不可谓不高远，然而他不通人情世故，不懂为人处世之道，尤其是在当时礼教盛行的政治环境下，依然我行我素，傲慢无礼，他最后没有一个好结局。

人情世故是一门大学问。有些人和事纵然你看不惯，言行举止也不要表现出来，要善于隐藏自己，要懂得基本的应酬之道。情趣高雅可以，但不可过于清高，如果不近人情那就是给自己找不痛快了。生活在世界上，你必须要懂得保护自己，要与人和谐相处，以中庸之道约束自己的言行举止。注意分寸，把握火候，时刻掌握一个度，左右适中，前后恰当。就像走钢丝一样，小心谨慎，方能保护自己的安全。

《菜根谭》中说："处世不宜与俗同，亦不宜与俗异；做事不宜令人厌，亦不宜令人喜。"意思就是，为人处世既不要同流合污陷于庸俗，也不要故作清高标新立异，从而脱离世俗人群；做事不要使人产生厌恶之情，也不要故意迎合讨人欢心。那么，我们应该怎么做呢？牢记中庸两个字就够了，一切以自然平衡为准则。

如果读懂了中庸的哲学，就会认识到：一个人在做事的时候，心思缜密，考虑周详，固然是好事，如此一来，做事成功的概率必定会大很多。然而，我们还是应掌握一个中庸平衡的度，如果思虑太过，做事总是思前想后，不免会陷入烦琐之中，从而优柔寡断、难于抉择，这样就会白白错过难得的机会，导致之前所做的所有努力付诸东流。

古人云：少则得，多则惑。有时在做事的时候，顾虑少一些，会使人当机立断，提高工作效率，最终能达到一个理想的目标；考虑得过于细碎琐屑，你就会对问题感到困惑茫然，容易失去大局上的把握，反而会贻误良机。

在工作和生活中，我们应该时常保持自律的态度，这样可以使我们在面临诱惑时冷静下来。可是，严明的操守只可要求自己做到，不可过分强求他人也达到你所企盼的境界。而且，你也不可严明到走极端，那样就会过于冷酷无情，所有人都会离你而去。

历史上有些人志向宏远、秉性高洁，不愿与人同流合污，内心不免陷于痛苦的挣扎中，于是他们开始愤世嫉俗，满腹牢骚，表达自己对社会的不满。而他们的一生只有在苦闷中度过。可见，无论何时何地，我们都要"严以律己，宽以待人"。学会中庸智慧，以一种冲淡、平和、适中的态度与人交往，千万不可过于偏激刚烈。

中庸思想渗透在为人处世的方方面面，以中庸态度待人，你会得到事半功倍的效果。孔子说："君子中庸，小人反中庸。"大概就是由于君子的一言一行都表达得恰如其分，能恪守中道，做事四平八稳，所以才被称为君子。而大多数的小人物是什么样呢？处处违反中庸之道，做极端的事情。阅读到这里的你，是什么样的人呢？

君子戒条——孤家寡人是这样炼成的

原文

山之高峻处无木，而溪谷回环则草木丛生；水之湍急处无鱼，而渊潭停蓄则鱼鳖聚集。此高绝之行、褊（biǎn）急之衷，君子重有戒焉。

译文

山峰险峻之处一般没有树木生长，而在溪谷蜿蜒曲折处却草木丛生；水流湍急处没有鱼儿停留，而平静的水潭里则有大量鱼鳖聚集。所以，过于清高孤绝的行为，过于狭隘偏激的心理，对一个有德行的君子来说，都是应当戒除的。

从地质学角度来看，高峻的山峰大都是岩石，缺乏草木生长的环境，加上气候寒冷、氧气稀薄，因此植物荒疏；拿来和人相比，一个人的性格如果严苛高冷、刻薄急躁、刚愎自用、顽固不化，就不易让人亲近，其结果必定孤立无援、事业难成。

如果你像山峰一样冷峻苛责，大家很难对你有好印象，这时你将何去何从？反之，在溪谷环绕之处，草木苍翠，这是说人的性格如果能够精通人情世故，虚怀若谷，把自己的姿态放低一些，那么大家都愿意和你亲近。此外，在水流湍急的溪水之中，鱼鳖很难停留，和缓宽阔之处则鱼虾大量繁殖。你的性格如果褊急狭隘，格局太小，很难容人，他人都会对你避而远之。

  一个人孤傲清高，整天像山峰一样俯视众生，那么等他落难时，等待他的有可能是破鼓万人捶、墙倒众人推。可反过来，如果你的气量和缓阔大，像浩瀚的湖泊，这样就能包罗万物，人们都愿前来投奔效劳。因此，处世一定要低调谦和、包容涵养。如果一个人能够不苛责他人，为人随和、雅量宽宏，自然就能赢得众人拥戴，遇到困难时，人人都争着帮他想办法。

  楚庄王是春秋时期楚国的国君，有一次他宴请文武百官。大家酒兴正浓，突然蜡烛熄灭，四周一片黑暗。借此机会，有人偷偷调戏楚庄王最宠爱的妃子。妃子扯下了这个人的帽缨，并向楚庄王告状："大王，刚才有个不规矩的家伙趁机调戏我，我已把他的帽缨扯断了。快让人点灯，看谁的帽缨断了，这样必定一清二楚！"

  楚庄王想了想说："不行，大家在兴头上出现失礼之事也是人之常情。我怎么能为了区区小事就让大家扫兴，并且让大臣颜面尽失呢？"于是，他在黑暗中命令大家："咱们今天聚会，必须放得开才行。现在让我们都扯断帽缨，一起喝个痛快吧！"大家听话照做，纷纷扯断帽缨。蜡烛重新点亮，大家头上都没了帽缨，彼此没有差别，继续饮酒狂欢，个个都非常尽兴。

  三年之后，楚国与晋国爆发战争。楚庄王这边有一位将军作战特别勇敢，五场战争都奋不顾身地冲在最前面。在此人的带动下，士兵们奋勇争先，晋国因此大败，楚国取得空前的胜利。楚庄王问这位将军："我以前并没有特别厚赏你，为何你竟如此拼杀呢？实在太让我感动了！"同时要给他赏赐。这位将军拒绝了赏赐，说："我罪该万死，怎么敢要赏赐呢？那次宴会上，帽缨被扯断的人就是我。大王您宽容了我的罪过，让我不知如何报答，这次战场上我抱定必死的决心，要报答您的恩情。"

楚庄王之所以能成为春秋五霸之一，是有原因的。《谏逐客书》中说："太山不让土壤，故能成其大；河海不择细流，故能就其深；王者不却众庶，故能明其德。"黎巴嫩诗人纪伯伦说："一个伟大的人有两颗心：一颗心流血；另一颗心宽容。"可见，宽容是王者的性格体现。楚庄王就是这样的王者，他的胸怀就像大海，让蛟龙鱼虾都能聚集在自己身边。他的德行光耀天下，从而不鸣则已，一鸣惊人。这就是王者的大格局和大气度！

俗话说，海纳百川，有容乃大。那么，你是一个宽仁如海之人，还是一个刻薄如山峰绝境的人呢？在宽容与刻薄之间，你又会怎么选择呢？有一位智者说，宽容与刻薄相比，我选择宽容，因为宽容失去的只是过去，刻薄失去的却是将来。是的，凡事不要太较真，宽容别人的不完美，等于为自己打造一条通天大道。如果站在别人的角度看自己，我们自己又何尝是完美之人呢？如果有了这样的格局和气度，何愁朋友不来、事业不兴、人生不顺呢？

如何克服自身的刻薄急躁性格，而修炼一种宽仁包容的气度呢？清代学者金缨在他编著的《格言联璧》中写道："眼界要阔，遍历名山大川；度量要宏，熟读五经诸史。"这里给出的方法论有两点，一是走出门，跳出个人小圈子，多看看名山大川，看看这个世界。二是看圣贤的经典著作和二十四史等，让自己"掌上千秋史，胸中百万兵"。

为人处世要牢记的四项基本原则

原文

不轻诺,不生嗔(chēn),不多事,不鲜终。

译文

不要轻易对人许诺,不要随便发脾气,不要惹是生非,不要做事有始无终。

做人做事一定要牢记的四项基本原则,到底是什么呢?《菜根谭》在这里给出了明确的答案。第一,不轻诺;第二,不生嗔;第三,不多事;第四,不鲜终。一个人如果能够做到这四点,会更容易成为人情世故高手。下面让我们逐条进行解读。

第一个原则:不轻诺。 不管什么时候,在什么地方,做人和做事都要有所节制。什么话能说,什么话不能说,什么事能做,什么事不能做,你都得保持一颗清醒的头脑。

在《礼记·缁衣》中,孔子说:"君子道人以言,而禁人以行,故言必虑其所终,而行必稽其所敝,则民谨于言而慎于行。"意思就是,一个可靠的君子,喜欢用言语来引导人们,用自己的行为做表率,禁止人们的不良行为。因此,说每一句话都要考虑结果,做每一个行动都要考察结局。由此可见,做人谨言慎行,无论修身养性,还是与人交往,都是一种绝佳的处世态度。

在现实生活中,有很多人在高兴的时候,只顾一时的兴奋澎湃,往往会得意忘形，轻易就对别人承诺一些事情。别人听了自然会很高兴，可他当时根本没有过脑子——这些事情我能做到吗？能否兑现对别人说过的这些话？在这里，我举一个自己身边的例子——

在一次同学聚会中，酒罢三巡，一个同学醉意上涌，喝得脸红脖子粗，最后一拍桌子，举着酒杯站了起来，滔滔不绝地说了好多"兄弟情深"的话，那慷慨陈词的模样，俨然一位气势如虹、言辞华丽的演说家。

演讲结束后，他拍着胸脯对我们说："以后哥几个有什么难处，尽管来找我，只要我能帮得上忙的，绝不推辞！"当时我们听了都深为感动："哎哟，这哥们儿真仗义！"于是纷纷向他敬酒。

过了一段时间，几个同学又聚到一起（他缺席未至），一位同学谈起他，语气中甚是鄙夷。我们大惑不解，到底发生什么事了？忙问其故。原来这位同学在上次聚会之后，请他帮个小忙，他婉言拒绝，还从此拒接电话，生怕别人麻烦他。我们听后，惊讶之余，不禁相顾摇头叹息："嘿，原来这家伙喜欢满嘴跑火车。"后来众人对他都渐渐疏远了，吃饭聚会，也不再叫他。慢慢地，他就成了孤家寡人。

你在说话之前，必须先考虑自己的实力，不要轻易给人开"空头支票"。一旦对别人承诺了什么，你就要身体力行地兑现。如果个人能力有限，那么我劝你，别动不动就夸下海口，否则你的个人信用迟早会让你透支殆尽！

第二个原则：不生嗔。人在不如意时，往往会借酒消愁，可酒精一发作，再将那些不顺遂的事想起来，更是愁上加愁，脾气便会如同火山爆发一样。随便发脾气，会让你得罪了那些得罪不起的人，做出后悔莫及的事。

看过《三国演义》的朋友，都知道张飞是怎么死的。关羽败走麦城，终被孙权生擒害死。张飞闻此噩耗，整天大哭，悲不自胜，所以经常饮酒，寄托对亡兄的哀思。可他有个毛病，一喝醉，便怒气勃发，喜欢鞭挞将士。

接下来，他和刘备一起决定率兵攻打孙权为关羽报仇，并下令三天内造出大量的白旗白甲，让三军为关羽挂孝。负责后勤工作的两名小将觉得任务太急，求他宽限时日。谁知张飞大怒道："我急欲报仇，恨不得明天就跟孙权决战，你们居然违抗我的将令！"不由分说，将二人绑到树上，各鞭打五十。那两名手下畏惧完不成任务，迟早被他砍头，于是先下手为强，趁张飞晚上醉饮酣睡后，将他的脑袋先给砍了。

英雄战死沙场，那是死得其所，死得光荣、死得壮烈！然而，像张飞这样因为乱发脾气而被无名小卒给害死，又是何等的悲惨啊！看完张飞的案例，相信你就会明白一个"嗔"字，害了多少英雄好汉！

孟子说："自暴者，不可与有言也；自弃者，不可与有为也。"自己作践自己的人，不要跟他说什么话；自己抛弃自己的人，不要和他共什么事。一个动不动就发脾气的人，就是作践自己而不自知的人，也可以说是一个自暴自弃的人，这样的人必将成为孤家寡人。

我们要学会控制自己的情绪，想想什么话说出来使人心里舒服，什么事做出来不让人厌恶。在生活中，我们常常发现，越是德高望重的人，越谦卑随和，使人容易接近。越是微不足道的小人物，越是架子十足。这是因为大人物从不随意犯"嗔"病。

第三个原则：不多事。俗话说，多一事不如少一事。如果你总喜欢惹是生非，就会给周围的人带来困扰，招致他们的厌烦。成为众人讨厌的对象，必然失去友谊，每天生活在一个人的世界里，单调而乏味。

什么样的人喜欢惹是生非呢？一般来说，骄傲而自以为是的人。西方某位哲学家说："一个人如果骄傲，即使身为天使，也会沦为魔鬼；如果谦卑，虽是凡人，也会成为圣贤。"在生活中，多用一点心，少生一些事，踏踏实实去努力,这样不是很好吗?

第四个原则:不鲜终。《诗经·大雅·荡》中说:"靡不有初,鲜克有终。"人做一件事,初开始的时候没有一个萎靡不振要放弃的,但成功做到最后的却很鲜少。的确如此,做成一件事不容易,人往往会经历很多挫折和苦恼,这个时候就会力不从心,开始打退堂鼓了,于是开始找理由推托,原本很好的事情最终以失败告终……这就是有头无尾,千万不要让自己成为这样的人!

成功者必备素质有很多,其中很重要的一条就是善始善终,绝不轻易半途而废!做事前谨慎考虑,对所做的事托底负责,以坚韧不拔的毅力,克服一切困难,用结果说话,交出一份圆满的答卷。

清能有容，仁能善断

原文
清能有容，仁能善断，明不伤察，直不过矫。是谓蜜饯不甜、海味不咸，才是懿（yì）德。

译文
清高廉洁又有容忍的雅量，宽厚仁慈又能当机立断，精明却不过分苛察，性情刚直却不矫枉过正。这种道理就像是蜜饯虽然浸在糖里，但却不过分的甜，海产的鱼虾虽然腌在缸里，却也不过分的咸。一个人只有掌握住这种不偏不倚的尺度，才算是拥有为人处世的美德。

学会用中庸的原则去为人处世，你就会顺风顺水，轻松百倍，你就会意识到——凡事不可走极端，过清、过明、过直、过刚，都会导致挫败，均不是长久之道。

假如你是一名官员，能够廉洁自律，洁身自爱，固然是好。如果你还有"宰相肚里能撑船"的包容雅量，就更加完美了。为人处世之道，讲究的就是谨言慎行，左右逢源。自己虽然保持高洁的操守，但若过于刚毅狷直，一旦看到别人有不恰当行为，便大加斥责，疾恶如仇，那么必定会遭到同僚的嫉恨。当他们抱成团，结成统一阵线，将你孤立或者群起而攻，你恐怕很难有前途可言。你所面对的，不是受人排挤，得不到提升，就是遭人暗算，让小人背后捅刀子,而且别人对你也毫无同情怜悯之心,因为大家几乎都站在了你的对立面。

"清"是优秀品质,但是刻意为"清",并以"清"自许,依仗着自己清高清廉,不知有敬畏之心,开始一意孤行,不知圆融和谦让,那么必将酿成更大的过错。要知道,为人、为官之道并不是做到清廉就可以了,你还要给社会创造价值,给人们带来幸福。

晚清小说家刘鹗写过一本书叫《老残游记》,书中讲了"清官"的故事。清官比贪官更加可恶,因为仗着自己清廉,不贪污不受贿,于是就敢随意杀人,认为自己杀的都是坏人,殊不知十有八九都是好人,就这样草菅人命。曾经有一个富人被强盗陷害,富人的家人为了把主人救出来,不惜托人给清官送来很多银子。清官假装收下,然后将这银子作为富人的罪证。他的理由是,这个富人肯定是有罪的,不然他的家人送银子干什么?这些银子就是罪证!结果,这些银子不但没有救下富人的命,反而让他掉了脑袋。

刘鹗借小说主人公老残之口说出这样的观点:"清廉人原是最令人佩服的,只有一个脾气不好,他总觉得天下都是小人,只他一个人是君子。这个念头最害事的,把天下大事不知害了多少……赃官可恨,人人知之;清官尤可恨,人多不知。盖赃官自知有病,不敢公然为非;清官则自以为我不要钱,何所不可,刚愎自用,小则杀人,大则误国。"

康熙皇帝曾在一道诏书中讨论清官问题,他说:"清官多刻,刻则下属难堪,清而宽方为尽善。朱子云:居官人,清而不自以为清,乃为真清。"意思就是,清官大多刻薄,不能容人,一旦刻薄,下属就不堪忍受。如果既清高清廉又能做到宽仁有容,才是尽善尽美。朱熹曾说,当官的人,清廉但又不认为自己清廉,才是真正的清廉。

作为普通人,如果过于清高孤傲,又会有什么样的结果呢?人人对他避而远之,他伤害不了别人,大多数时候伤害的只能是自己和家人。所以,我们一定要引以为戒。

刘鹗得出结论说:"天下事误于奸慝者十有三四,误于不通世故之君子者十有六七。"天下事被奸诈之人耽误的占十分之三四,而被不通人情世故之人所耽误的却占到了十分之六七。

为什么会出现这种情况呢?这就是清而不能容造成的恶果。所以,"清能有容"才是正确的做人做事智慧。每天学一点人情世故,要学的就是这样的道理。在历史上,不少赫赫有名的大人物在这方面堪称典范——

战国时期,蔺相如在"完璧归赵"和"渑池之会"两次与秦国的较量中,为赵国赢得了不少面子,因此赵王拜他以上卿之位,对他的尊宠达到巅峰。这时,向来能征善战的大将军廉颇看不下去了,几次向他挑衅,对他颇有微词:"你一个小小的文臣,只会花言巧语耍弄口舌,跟我这种冲锋陷阵的大将军怎么能比呢?"于是就想尽办法羞辱蔺相如。

蔺相如知道以后,总是尽量躲避他,为了保全国家大局,不与他正面冲突。过了一段时间,廉颇终于觉悟到蔺相如考虑的是赵国的全局利益,而自己则只顾及私人恩怨,心胸简直狭隘到了极点。于是,他亲自登门负荆请罪,从此"将相和"的故事成为一段千古美谈。

面对廉颇的嘲讽和挑衅,蔺相如做到了"清能有容",这是一种格局和境界。而廉颇也做到了"直不过矫""知过则改",两个人在行为上都很好地把握住了一个度。这一点十分值得现代的我们学习和借鉴。

事实上,"清能有容""直不过矫"这种智慧,源自古老的中华文化。正所谓,水至清则无鱼,过于清高,往往吹毛求疵,看谁都不顺眼。如果能做到宽容,则绝非常人。

明代政治家刘伯温说:"人情世故看烂熟,皎不如污恭胜傲。"他认为清高明白比不上混混沌沌,谦恭胜过孤傲。如果你懂得了这一人情法则,处理人际关系的时候就如鱼得水了。如果对方犯有过错,你应当学会包容忍让,心平气和地对他谆谆教导,而不是严厉指责。只有对人怀有宽容之心,才能使人亲近,身边的朋友才会多起来。如果你能得到朋友和同事的喜爱和拥护,在生活和工作中自然能得到许多帮助和教益。相反,如果你总是刚中带刺,咄咄逼人,大家就会对你望而生畏,那么你的朋友就会少得可怜。当你沦为孤家寡人,一旦遭遇危难,大家都来落井下石,你会更加艰难。

  然而,我们还要明白一个忠告——仁而能断。做人宽仁忠厚,如果再能做到果断,那就达到一种非凡的境界了。有一部分宽仁忠厚之人往往会优柔寡断,最终导致随波逐流,一事无成。对于这类宽仁忠厚之人,鲁迅说过这样一段话:"俗语说:'忠厚是无用的别名。'也许太刻薄一点罢,但仔细想来,却也觉得并非唆人作恶之谈,乃是归纳了许多苦楚的经历之后的警句。"这是智者的言论,值得我们铭记在心。过于宽仁忠厚,没有果断的气魄,没有杀伐决断的霸气,就会沦为软弱可欺,让人看不起。只有清能有容、仁能善断,你才能在生活中左右逢源,处处受欢迎,事事有人助!

第二章

大道至简,不忘本心

所谓人情世故,就是处理人和世界的关系。从本质上说,世界的问题永远是人的问题,人的问题与内心有关。无论是科学的灵感,还是人情世故方面的开窍,都需要我们内心的顿悟。从外寻到的都是皮毛,只有从本心得到的才是源头。

扫除外物，直觅本来

原文

人心有一部真文章，都被残篇断简封锢（gù）了；有一部真鼓吹，都被妖歌艳舞湮（yān）没了。学者须扫除外物，直觅本来，才有个真受用。

译文

每个人的心灵深处都有一部好的文章，可惜却被内容不健康的杂乱文章给封闭了；每个人的心灵深处都有一首美妙的乐曲，可惜却被眼前的妖歌艳舞所埋没了。所以研究学问的人，必须扫除一切外来物欲的引诱，直接用自己的智慧去寻求本性，如此才能求得一生受用不尽的真学问。

唐代诗人李白说："天生我材必有用！"这句话自信、深刻而又振聋发聩，告诉我们每个人天生都有慧根，都可以成为社会上有用的人才。也就是说，每个人的心中都有一篇真文章、一首好乐曲，但为什么大多数人最终都不知不觉沦为平庸之辈呢？我们的慧根到底去了哪里？我们该如何避免长大后沦为庸庸碌碌的人呢？

《菜根谭》告诉我们，每个人的心中都有锦绣华章，只是被残篇断简给封闭了。所谓残篇断简，是一种比喻的说法，具体是指一些杂乱的思绪，纷扰的生活琐事。如果一个作家整天被琐事缠着，还能写出什么好文章吗？如果耳边整天都是妖歌艳舞，你还能听到内心的天籁之音吗？

物欲的摧毁力很强。它可以让理想沦丧，让洁白玷污，让天性泯灭！外界的一地鸡毛和妖歌艳舞让我们无从逃避，在熏染中日渐堕落。

在儒家经典《孟子》中，曾记载了这样一个故事——

曹交问："人人皆可做尧舜，有这回事吗？"

孟子说："有。"

曹交继续问："听人说，周文王身高一丈，商汤王身高九尺，如今我的身高也不算低，有九尺四寸多了，可是我哪里比得上文王和商汤呢？我啊，只会吃白饭罢了！如果不想平庸一生，我应该怎么做才行呢？"

孟子回答："没有关系，你一样可以成尧舜一样的人物，只要坚定信念，勇敢去做就行了！如果一个人总是认为自己连一只小鸡都拎不起来，那么他肯定会一天比一天没力气。如果一个人相信自己能举起三千斤，即使做不到，他也必定是一个力气很大的人。不要忧患自己能不能做到，而要问自己有没有去做。比如，你让年长者走在前面，自己在后面慢点儿走，这就是悌（敬爱兄长）。如果自己抢在前面走，那就是不悌（不敬爱兄长）。慢点儿走这么简单的事，难道很多人做不到吗？只是他们不肯这么做而已。尧舜之道是什么？很简单，做到孝悌就差不多了。这些都是很容易做到的。你穿上明君尧帝的衣服，说着尧帝的话，做着尧帝的事，那么你就是尧帝一样的圣贤人物。如果你穿着暴君夏桀的衣服，说着夏桀的话，做着夏桀的事，那么你就是夏桀一样道德低下的人了。"

曹交说："您说得太好了，我情愿留在您的门下做您的弟子！"

孟子回答："尧舜之道就像平坦的大路一样，难道很难了解吗？它就在那里,只是人们不肯寻求而已。你回去自己找就可以了,老师到处都是,你自己就可以做自己的老师呢。"

在这里,孟子肯定了"人人皆可为尧舜"的观点。尧帝和舜帝是中华上古时代有名的君主,他们仁义而道德,为人处世都堪称典范,为后人所赞颂。孟子认为,每个人在天性和行为能力上都具备成为尧舜的可能,而且很容易做到,就像在大路上行走一样。只是我们不肯去寻求尧舜之道,而且不肯去践行而已。我们心中的尧舜之道,被尘俗给遮蔽和掩藏了。如果你能主动寻求并亲身践行,像尧舜一样做人做事,即使你成不了尧舜,也必定是一个让世人敬仰的圣贤君子,一个有着内心原则和事业有成的人。

曾经有一个富人,富有之后发现很多人都开始远离自己。于是他专程去拜访一位哲学家,向他请教一个令自己头痛的问题——他富有之后,为什么很多昔日亲友反而不喜欢自己了?对此,哲学家没有直接回答,而是把富人带到窗前。

哲学家说:"透过窗户向外看,你看到了什么?"

富人说:"我看到很多人,有老人有小孩,还有四处奔波的年轻人。"

接下来,富人又把他带到一面镜子前,说:"透过镜子去看,说说都看见了什么?"

富人看了又看,说:"我只看见了我自己。"

哲学家会心一笑,说:"你看,窗户和镜子都是玻璃所做,只不过镜子的后面多了一层薄薄的水银。在这层薄薄的水银的蒙蔽下,心性被外物蒙蔽,看不到别人,只看到了自己。"

如果你想真正赢得众人的爱戴,那么就需要扫除外物。眼睛里不仅要有自己,更要有他人,否则你的世界将渐渐变得萧条孤独,沦为孤家寡人。

那么,我们应该如何寻回心中的"真文章"和"真鼓吹"呢?《菜根谭》

给出的方案是八个字：扫除外物，直觅本来。就像打扫落叶和蛛丝一样，把迷乱视线的纷杂事物一一扫除，直接向内寻觅心灵的本来面目，犹如乌云散尽，明月重现，你的心中洒满智慧的清辉。

世人喜欢向外寻求和攀缘，殊不知真理就藏在自己心中，自己内心深处才有真正的好文章和好乐曲。只要你用心去阅读和聆听，一定可以发现自己内心世界的美妙。

无独有偶，德国古典哲学家康德也认为人的内心蕴藏着强大的力量，他曾说："有两种东西，我对它们的思考越是深沉和持久，它们在我心灵中唤起的惊奇和敬畏就会越来越历久弥新。一个是我们头顶浩瀚灿烂的星空，另一个就是我们心中崇高的道德法则。"星空和人的内心有着相似之处，一个遵从自然规律，一个遵从社会法则。而这一切，唯有心才能理解和体悟。

无论是科学的灵感，还是人情世故方面的开窍，都需要我们内心的顿悟。从外寻到的都是皮毛，只有从内心得到的才是本真和源头。所以，我们要按照内心的指引，来选择自己的方向，而不是受外界的干扰和诱惑，让虚妄的念头主宰心灵。

心静自然凉,心远地自偏

原文

延促由于一念,宽窄系之寸心。故机闲者,一日遥于千古;意广者,斗室宽若两间。

译文

漫长和短促是由于主观感受,宽和窄是由于心理体验。所以对心灵闲适的人来说,一天比千古还长;对胸襟开阔的人来说,一间斗室好像天地之间那样宽广。

一天二十四个小时,有人觉得过得太快,而有人却觉得过得太慢。一项工作,有人做起来轻松自如,得心应手;有人做起来却觉得艰巨繁重,力不从心;一本书,有人读起来兴趣盎然、废寝忘食,有人读起来却味同嚼蜡、如坐针毡。

其实说白了,这就是我们内心的感觉问题。感觉是什么?就是心态,你的心意和念头。我们做一件事,往往是心态在指导你的行为。如果你的心态是积极乐观的,再难的事情也能应付自如;如果心态是消极、抵触或排斥的,那么这件事就不可能做好。

一天,某个陌生的小镇,迎来了一胖一瘦两名外地访客。

在小镇路口,住着一个老人。他与两个外地访客攀谈起来。

老人问胖访客:"你从哪里来?"

胖访客说:"我从前面那个小镇来。"

老人继续问:"前面那个小镇怎么样?"

胖访客说:"非常不错,镇上的人聪明善良,对人非常友好。对了,这个镇怎么样?"

老人说:"这个小镇上的人也同样很好,你一定会很满意。"

过了一会儿,瘦访客也走到了老人身边。

老人问瘦访客:"你从哪里来?"

瘦访客说:"我从前面那个小镇来。"

老人问:"前面那个小镇怎么样?"

瘦访客说:"非常糟糕,镇上的人自私恶毒,说话做事都让人讨厌。对了,这个镇怎么样?"

老人说:"这个小镇跟上个差不多,估计同样会让你觉得糟糕透顶。"

同样的环境,不同的人会有不同的看法,可见环境的好坏取决于你的心态,你的心态决定了你的行动。如果你心里充满抱怨,那么你就会看到一个处处糟糕的世界。如果你能够正面看世界,心里充满积极的情绪,那么世界就会充满希望和光明。

就拿工作来说吧,如果你将手里的工作当成兴趣,你就会每天蹦着起床,肯定会把工作做得很好;但如果你只是单纯地将工作视为领导委派的任务,看成一场人生的苦役,只是为了混饭吃不得不做而已,那么你的消极怠慢的情绪就会油然而生,工作时只是想着草草收尾,敷衍塞责过去就行了。这样的话,你觉得工作能做好吗?

在《列子·说符》中,有这样一个故事——

有个叫爰旌目的人,在路途中饿得晕倒了。这时,狐父境内有个叫丘的盗贼救了他，喂他饮食。等他睁开眼睛，问救自己的人是做什么的。狐父丘如实地将自己的身份告诉了他。爰旌目十分生气，他咬牙切齿道："你是强盗，为什么要拿饭给我吃呢？"于是趴在地上呕吐，双手使劲抠自己的喉咙。最后，这个人被活活饿死了。

关于这个人，列子做了一番到位的总结：狐父境内是有强盗，但你吃的东西不是强盗啊！因为有人做了强盗，就认为自己吃的东西也是"强盗"，因而不敢吃东西，这就是错误地对待名称和实质啊！用现在眼光来看，这个人太过迂腐，他的迂腐来源于他的观念。他心中的善恶观念过于执拗，从而导致他偏执的行为，最终导致饿死的结局。

做事之前，调整好自己的心态是很重要的。心态若没有摆正，做事往往会缚手缚脚，虽不至于像爰旌目一样拘泥死板，但多多少少总会受到不良心态的影响。在生活中，常常听到别人说"这个人看得很开"之类的话。看得开，就是心态调节得好。保持良好的心态，我们才可以做到从容闲适、静悟达观，即使遇到危急之事，也能随机应变，果决而有魄力。

《菜根谭》中说："意广者，斗室宽若两间。"意思就是，只要心胸旷达，即使是一间小小的房子，也犹如天地般那么宽广。对于这个道理，东晋陶渊明在《饮酒》诗中写道：

结庐在人境，而无车马喧。
问君何能尔？心远地自偏。
采菊东篱下，悠然见南山。
山气日夕佳，飞鸟相与还。
此中有真意，欲辨已忘言。

这首诗的意思是什么呢？在这里，我为大家翻译一下——我的茅庐建造在人声喧闹的环境，但却不会受到车马喧嚣的影响。有人问我为什么能做到这样，我的回答是——只要心胸旷达悠远，那么就算住在再喧闹的环境里，也自然会感觉犹如住在偏僻幽静的地方。我在东边篱笆墙下采下一朵菊花，不禁心旷神怡，悠然地抬头望去，一座优美的南山出现在我的面前。山里的风景黄昏时分最美，那个时候飞鸟结伴返回。此情此景蕴含着人生的真意，我想与你说得清楚明白，但张口之际，已经忘记了想说的话。

其中，"心远地自偏"这句写出了一个人内心的意念，让我们明白，远方的风景不在遥远的大山深处，而在我们内心的意念之中。中国古人早有说法："小隐隐于野，中隐隐于市，大隐隐于朝。"意思就是，隐居在山野中的人只是小隐士；中隐指即使隐居在闹市里，也能对喧闹嘈杂不闻不见，心境宁静；最大的隐士则隐身于朝堂之上，他们能让自己的思绪翩飞于遥远的天空，大智若愚、淡然处之。

心如天空,情绪与天气同样多变

原文

心体便是天体,一念之喜,景星庆云;一念之怒,震雷暴雨;一念之慈,和风甘露;一念之严,烈日秋霜。何者少得?只要随起随灭,廓(kuò)然无碍,便与太虚同体。

译文

很多时候,人的心理与自然天气存在相似之处。人在一念之间的喜悦,就如同自然界有景星(即紫气星)庆云(即五色云)的祥瑞之气;人在一念之间的愤怒,如同自然界有雷电风雨的暴戾之气;人在一念之间的慈悲,就如同自然界有和风甘露的生发之气;人在一念之间的冷酷,就如同自然界有烈日秋霜的肃杀之气。人有喜怒哀乐的情绪,天有风霜雨露的变化,哪一样少得了呢?情感兴起后又消失,心体如同生生不息的广大宇宙一样毫无阻碍。人如果也能修炼到这种境界,就可以和天地同心同体了。

心体犹如天体,人的情绪就像自然界的天气变化,喜怒哀乐、慈爱严厉,皆有对应的天气特征。普通人遇到困顿坎坷,往往会变得情绪低落,对任何事情都无精打采,甚至与人交往也变得冷淡,最终使得自己的生活越来越惨淡。

然而,同样有一些人,在困难和挫折面前,始终微笑面对,即使笑容背后隐藏着辛酸和苦痛。最终，他们能够长风破浪，在逆境中坚强地生存下来。归根结底，他们做到了"随起随灭，廓然无碍，与太虚同体"。无论什么样的天气变化和情绪波动，都不能成为内心的障碍。心胸开阔如天空，任云卷云舒。

读过名著《飘》（又名《乱世佳人》）的读者，应该对小说中两位男主人公——瑞德·巴特勒和艾希礼·威尔克斯记忆深刻。这两个男人在美国南北战争结束以后，所作出的举动迥然相异。瑞德在巨大的灾难面前，瞅准了发财机遇，开始倒卖物资，轻而易举地成了百万富翁。而艾希礼在经历这场巨变之后，整个人的精神随着战争的结束而萎靡不振，原来的贵族气质完全不复存在，开始变得颓废懦弱，浑浑噩噩，最后还不得不接受小说女主人公斯嘉丽的救济。

瑞德在乱世中生存下来，并且生活得很好，而艾希礼却沦为战争的炮灰。虽然他并没有在战争中死去，但已经是行尸走肉了，他积极奋进的精神已被完全摧毁。两个人为什么会呈现两种截然不同的结果？说到底，还是由于这两人在战争的冲击下，有着两种截然相反的心态。瑞德愈挫愈勇，艾希礼则意志消磨，致使其永远活在过去。

在工作和生活中，我们自身的心态和情绪相当重要。如果你的心情愉快，看到什么都会觉得很舒服；如果心情抑郁哀愁，就会被自身情绪所感染，即便是再美丽的风景，再美好的事物，也都会觉得厌烦无聊。如果某个人总为一些鸡毛蒜皮的小事生气，对什么都看不惯，那么他在工作和生活中必将糟糕透顶；如果一个人积极乐观、心怀慈悲，以一种博爱的精神待人接物，那么他每天的生活一定会过得很开心。

可见，一个人情绪的好坏，对工作和生活的影响很大。所以，我们在生活中应该努力控制自己的情绪，向积极健康的方向引导情绪，从而让自己趋利避害、逢凶化吉。

下面是控制情绪的几种方法，在生活中可以灵活运用。具体如下：

一、主题转移法。当情绪失控的时候，我们不要总盯着让自己情绪变化的事情，而要学会转移话题和注意力。比如阅读、听音乐、下棋、看电影或者旅游等。

二、情绪宣泄法。情绪总是积累在心里，对身心健康将十分有害。这个时候，你不妨找知心朋友或可以说心里话的亲戚推心置腹，诉说一番，或者干脆大哭一场。你也可以尽情地跑步或健身，让自己挥洒汗水，宣泄内心的痛苦和烦恼，从而让情绪舒缓下来。

三、环境更换法。有时候，当我们置身于让情绪波动的环境中，总是看到让自己情绪不佳的人和事，自然很难得到放松。这个时候，我们可以换一个全新的环境，远离让自己敏感的人和事，由此更换一种全新的心境。

四、自我暗示法。你的情绪就像天空一样阴云密布，这个时候不能再去想任何让自己不快乐的事情，你要多想一些积极向上的事情，暗示自己未来的日子更有希望。回顾自己对理想和事业的目标和规划，不要总是纠缠于鸡毛蒜皮的小事。

五、言语克制法。在情绪失控之际，我们可以默念几句，警告自己："克制！克制！克制！""不要犯糊涂！""多想想后果！""战胜自己！"也可以在枕边案头写上一些座右铭，比如"淡定""冷静""制怒"等类似的词语。

六、精神升华法。当情绪压抑、心情烦躁之际，不要冲动，不要与人发生摩擦，将这种压抑的力量升华为人生的动力。你可以全神贯注投身到自己感兴趣的事情上，提升自己的能力，升华自己的精神。人变得越强，路越好走。

情绪像天气一样多变，人生也像天气一样无常。当我们身处人生的逆境，不要伤心，不要忧虑，总有一天阴云会过去。快乐的时候，我们也不要过于高兴，可能眨眼之间乌云就会遍布整个天空。不管遇到什么情况，我们都应该以平常心对待。总之,无论天气如何变化,不管明天是晴是阴,都不要忘记带上生命的阳光。

内心清净,喧嚣尘世也会变为圣洁之地

原文

缠脱只在自心,心了则屠肆糟廛(chán),居然净土。不然,纵一琴一鹤,一花一卉,嗜好虽清,魔障终在。语云:"能休尘境为真境,未了僧家是俗家。"信夫!

译文

活在世上,感到缠缚还是超脱,关键还在于自己的内心。心地清净,即使是屠夫的肉铺或弥漫酒糟味的酒店也会变成净土。不然,纵然弹琴养鹤,莳花弄草,嗜好情趣虽然高雅,困扰终究还在。俗话说:"如果能斩断俗念,在尘世如同身处仙境,没能了却尘俗,即使出家当和尚也终究是个俗人。"确实如此。

社会上有不少人,当他看到某些人和事对他有好处的时候,就会千方百计去交往和接触,不能带来利益的,他们绝不会看上一眼。如果身边都是这样的人,内心怎能得到清净呢?其实,清净源于自己的内心,不必从外界寻找。很多人向外界寻求静心的境界,直至最后才大彻大悟:清净不在遥远的别处,其实就深锁在自己的内心深处!

在我们的心里,最喜欢过的还是那种恬淡闲适、无拘无束的自由生活。正如《菜根谭》中说:"神酣布被窝中,得天地冲和之气;味足藜羹饭后,识人生淡泊之真。"意思就是,入神酣睡于粗布被褥中的人,才能得到天地之间的和谐之气;能够香甜地吃着粗茶淡饭的人,才能真正地体味淡泊人生的真意。然而,很多时候偏偏事与愿违,身处时代旋涡,往往身不由己,我们很难做到真正的淡泊从容。焦虑和烦恼如影随形,整日在人前强颜欢笑,背后却郁郁寡欢。心灵被纷扰缠绕,所有的清净和自由都会消失不见。

"淡泊明志,宁静致远"这八个字,对于每个人来说,都不是轻易就能做到的。我们只有放下尘世间功名利禄的牵绊,内心才会达到真正的纯粹和专注,才能致力于伟大的事业和美好的人生。但人们往往参悟不透名缰利锁的纠缠,欲望无时不在心中作祟,因而随之带来的烦恼也纷至沓来。正如印度诗人泰戈尔说:"鸟儿翅膀上一旦系上黄金,它就再也飞不起来了。"如果一个人的身心完全被名利欲望占据,格局就变得很小,就像鸟儿,原本可以像雄鹰一样翱翔天际,如今却只能像小麻雀一样,在灌木丛之间跳来跳去。

以从容的心态面对名利,就会多几分豁达和洒脱,就会更能致力于自己的事业。我们都知道著名的国学大师钱锺书,一向都淡泊名利。置身于这个喧嚣的世界里,不管面对多大的诱惑,他都能自觉地保持内心的清净。

20 世纪 90 年代,钱锺书声名远播。电视台准备拍摄一部叫《中国当代名人录》的纪录片,如果他同意拍摄,电视台将以重金酬谢。谁知钱锺书却淡然一笑,委婉地拒绝了,他说:"我都姓了一辈子的'钱'了,你说还会稀罕这玩意儿吗?"

有一年,英国一家品牌出版社得知钱锺书手里有一本写满批语的英文大辞典,于是派了两个人前来洽谈签约,谁知钱锺书果断拒绝了,两个字:"不卖!"还有一次,有人宣称,如果诺贝尔文学奖要颁给中国作家,那么只有钱锺书才配得上。听了这话,钱锺书幽默地回应道:萧伯纳说过,诺贝尔设立文学奖比自己发明炸药对人类的危害更大。通过这句话,他表明了自己对诺贝尔文学奖并不在意。

北大著名教授季羡林,由于其卓越的学识,被后人奉为国学大师、学界泰斗、国宝这三项桂冠。可以说,他完全当之无愧。然而他非常讨厌这三个桂冠,曾三次辞掉桂冠。他在《病榻杂记》中写道:"三项桂冠一摘,还了我一个自由自在身。身上的泡沫洗掉了,露出了真面目,皆大欢喜。"季羡林谦虚低调,崇尚踏踏实实做学问,对泡沫一样的虚名特别反感。

名利双收的事情,很多人梦寐以求,甚至争着抢夺。但钱锺书和季羡林却对送到身边的名利加以拒绝。他们的行为,看似顽固不化,实际上是一种极其高深的境界。他们深深知道,名利虽好,但也有副作用,那就是会让你迷失自我,失去对自我人生终极理想的坚持。如果你想更好地专注于宏大目标,就应该从本质上看透名利。

关于名利,道家代表人物庄子说:"名也者,相轧也;知也者,争之器也。"意思就是说,名利是人类相互倾轧的根源;知识谋略是人类争名夺利的工具。如果你细心观察,就会发现很多事物背后其实都有名利在左右。我们读书的初衷发生了扭曲,不再是获取知识和智慧,而是为了争名夺利。读书渐渐成为一种形式。在功利的世界里想保持内心的清净实在难上加难。

或许当漫长的时光磨损我们的戾气之后,我们才会回归清净。在经历许多艰难坎坷之后,你会发现抱怨和眼泪不会让世界停止转动,生活还要继续,但时间一久,你就会认识到日常生活的真意。没有人整天处于巅峰状态,平平淡淡才是真,看看那些在春天暖阳下坐在摇椅上轻晃的老人,你就会认识到岁月静好的悠然和自在。

有时,我们也会在旅行中自得其乐。比如踏高山、游林间,那份悠闲让我们品味到了人生的乐趣。正如有首诗所写:"竹林风起一如涛/声声渺渺/

琴音铮铮萧声叮叮／尘土之外浮名抛／暗里只觉芳华俏／且自逍遥……"在喧嚣尘世之中，我们要学习修炼自我，彻悟人生快乐的真谛，从而在内心深处获得属于自己的那份清净。

你的心胸有多大，世界就会有多大

原文

　　心旷则万钟如瓦缶（fǒu），心隘则一发似车轮。

译文

　　一个人心胸开阔，就能把万钟那么多的俸禄看作瓦罐一样；心胸狭隘就会把一根头发看得比车轮还要重大。

　　你的心胸有多大，世界就会有多大。心胸旷达之人，做什么都能如鱼得水，天地宽广；斤斤计较之人，即便只经营一亩三分地，也会因唯利是图而困扰。

　　关于心胸和格局，曾有这样一个故事。子贡问孔子："在历史上，谁才算得上国家栋梁？"孔子就对他说了两个人，一个是齐国的鲍叔牙，另一个则是郑国大臣子皮。这两个人都以善于推荐人才而著称于世，他们的治国本领却并非多么卓越出众。子贡进一步问："照您这么说，会推荐人才的人，反而比拥有真正才能的人更加伟大了?"

孔子答道:"具有知人善任的眼光,这是一种智慧;向君主大力推荐人才,这是一种仁爱;不妒贤嫉能,这是一种难得的义气。此三者都具备了,怎么能不称得上伟大呢?"

齐桓公听到鲍叔牙推荐管仲之后,对管仲大加重用,将他任命为相国,最终成就"九合诸侯"的霸业;郑国因子皮推荐子产,重用子产担任相国,以至于夜不闭户、路不拾遗,吏治清明、国泰民安。如果不是心胸旷达之人,岂肯将如此好的机会拱手让给别人?换成你,肯吗?可见,一个人若想拥有大成功,一定要心胸旷达,格局足够大。

北宋时期,有一个姓吕的官员,他有四个儿子,个个宠爱有加。一天,他跟妻子说:"咱们儿子都很优秀,但长大后哪个会更有出息呢?"夫妻二人商量后,决定考验他们一番。

当四个儿子在院中玩耍时,吕大人特别安排一个女仆,手里拿着一件名贵的玉器,假装不小心失手将玉器坠落于地,一下子摔得粉碎。四个儿子都看到了,其中三个孩子惊讶得大喊大叫,一边骂着仆人,一边慌忙跑到房间里报告父母。唯有排行第二的儿子面不改色,依旧从容地忙着手中的事,好像玉器碎了跟自己没有什么关系。

得知情况后,吕大人问老二:"难道你不心疼吗?"老二淡淡地说:"反正已经碎了,再急也没用。不如静下心来,继续做完手中的事。"吕大人非常高兴,对妻子说:"这个孩子不简单,将来必能成就一番功业!"果不其然,老二后来在仕途上一路亨通,官至一品。

心胸旷达,宽以待人,这是一种为人处世的大智慧。有雄心抱负的人,必须要有容人的度量,不应计较眼前一时得失,对于个人荣辱也当平淡视之,这样才可成就非凡功业。一个人只有心胸旷达,才不会为鸡毛蒜皮之事斤斤计较,人们才愿同你相处,你的朋友才会渐渐多起来。当你面临困难和坎坷,如果心胸旷达,万事不萦于心,自然就不会乱了思绪,有利于冷静下来寻求正确的解决方法,难题自然容易迎刃而解。

那么,我们如何才能做到心胸旷达呢?《菜根谭》给出了忠告:"不责人小过,不发人阴私,不念人旧恶。三者可以养德,亦可以远害。"就是说,小过错不要责备,网开一面;别人的隐私不要到处宣扬,别人不小心得罪自己的地方,如果不是原则问题,那就忘了吧!

除此之外,《菜根谭》也给出了让心胸旷达豪迈的策略,具体是这么说的:"登高使人心旷,临流使人意远;读书于雨雪之夜,使人神清;舒啸于丘阜之巅,使人兴迈。"饱览名山大川,饱读诗书典籍,同时在高山之巅仰天长啸,抒发豪迈的性情。如此一来,你的性格就会逐渐开朗豁达起来,人生的格局也会呈现一个新气象。

如果你具备容人的雅量,人缘必定会一天天好起来。你只有得到大家的支持,才能在这个社会立足。随着你的支持者越来越多,资源也必将越来越多,最后通过有效的手段整合资源,加上自己的努力奋斗,定能实现理想和抱负。

从另一方面来说,心胸阔达是一种大格局的体现。格局不仅体现在为人处世方面,更体现在你的认知和思维方面。可以说,你的格局决定你人生的结局,你的格局大小决定你未来的成就大小。国学大师钱穆有过这样一次见闻,让他印象深刻。

一天,钱穆走进一座古老的寺庙,风景幽幽,令人流连忘返。他看到一株苍劲的古松,树身粗壮有力,朝青天盘旋而上,郁郁葱葱。他看了一眼树上挂的牌子,原来这是500年前的僧人种下的。正在这时,有个小和尚手提水桶走过来,他要在古松旁边栽种夹竹桃。钱穆看到后,不由得一阵感叹,说:"从前的僧人种松树,心里想的是百年后的发展;今天的僧人却种夹竹桃,眼光只看到了明年啊!"

这个故事告诉我们,一个人如果眼光短浅,认知格局太小,就很难做一些富有影响力的大事。如果你不想将自我囚禁在眼前的方寸之地,那么就应该扩大自己的认知思维,把眼光放长远,胸襟开阔起来。世界上任何事都是如此,没有大气魄大格局,就很难做一番轰轰烈烈的大事,只能像小鸡刨食一样整天匍匐在地。

清代名臣曾国藩说:"谋大事者,首重格局。"做人就像下棋,如果总是优柔寡断,畏畏缩缩,随波逐流,没有大格局大方向,眼睛只盯着一米远,那么此生又怎么可能有大的突破和发展呢?有大格局的人,他们不畏艰险,笑看风云,正所谓"坐拥云起处,心容大江流"。这样一来,你才能一步步走向广阔的天地,才能施展自我的风采。

成事密码——心既要虚又要实

原文

心不可不虚,虚则义理来居;心不可不实,实则物欲不入。

译文

心不可不虚,只有虚才能容纳学问和真理;心又不可不实,因为只有实,才能抵御外界物欲的入侵。

如果你注意观察,相信一定会发现这样的情况:越是德高望重之人,越是谦卑有礼,虚怀若谷;越是德浅才疏之人,越是刚愎自用,自以为是。为什么会这样呢?孔子说:"君子泰而不骄,小人骄而不泰。"意思是说,君子胸怀大志,意志坚定,泰然自若,但却绝不傲慢放肆,身上没有丝毫骄矜之气;而小人则骄纵自我,做不到泰然自若。

一个人只有求知若虚,才能进步。孔子身为一代圣贤,学问不可谓不渊博,可他却说:"三人行,必有我师焉。"他走进鲁国太庙,东看西瞧,对每件事都要问一问。有人说:"谁说孔子知道礼呢?他到了太庙,什么都不懂,什么都要问。"孔子听到这话后说:"不懂就问,这就是礼啊!"心中保持空虚无知的状态,随时学习新鲜知识。

关于这一点,苹果教父乔布斯也有类似观点,他在斯坦福大学演讲中说:"求知若饥,虚心若愚。我总是以此勉励自己。当你们毕业,展开新生活,我也以此期许你们。"只有不自满,你才有容纳万物的可能。如果认为自己无所不知,那你的进步也就开始停滞了。

那么,我们应该如何描述求知若虚的状态呢?《庄子·秋水篇》中说:"天下之水,莫大于海,万川归之,不知何时止而不盈。"万川归海,而大海却并不满足,仍然是一副空虚的模样,他说:"吾在天地之间,犹小石小木之在大山也。"大海与天地宇宙相比,就像小石小树与大山的区别。这种海纳百川的胸襟和气魄,这种自知之明的睿智,实在令人钦服。大海对于自己的能力毫不自满骄傲,这一点尤其可贵。

在同一记载中,庄子还塑造过一个"河伯"的形象:秋天降水的季节来临了,众多山川的水流汇入黄河,河伯欣然自喜,以为"天下之美都在自己这里了"。但当它慢慢向东流去,看见一望无际的大海的时候,它忽然既羞且愧,自叹"吾长见笑于大方之家"。因此,这一则寓言也衍生出了两个成语——一个是"望洋兴叹",一个是"贻笑大方"。

欲成大事者,谦虚好学和意志坚实是基本品质。一个人首先学会放低姿态,才可以从外界获得更多的学问和见识,眼界亦随之开阔而明朗,志存高远,意志坚定,拥有明确的奋斗目标,这样才有接近成功的可能。

然而,在现实中,有很多人夜郎自大,不清楚自己几斤几两,这就是缺乏敦厚踏实的精神。《菜根谭》中说:"欲做精金美玉的人品,定从烈火中煅来;思立掀天揭地的事功,须向薄冰上履过。"意思就是,想拥有纯金美玉一样的人格品行,一定要从烈火中淬炼;想要干一番惊天动地的事业,必须要从薄冰上踏过。

你只有经历过痛苦的炼狱,才能享受天堂般的美好。有的人之所以成功了,那是因为他们关注现实,实事求是,顺应形势,同时心中有着坚实的意志,在实践中不断地锤炼自己,丝毫不受外界干扰。内心不够坚实者,往往就在烈火中焚为灰烬,踏碎薄冰溺水而亡。

根据《世说新语》记载:管宁和华歆同窗读书,一天他们在园中锄菜。突然,他们从土里刨出一块黄灿灿的金子。管宁视黄金与土石无异,依旧锄菜;华歆则两眼放光,捡起金子,端详了很久,意识到自己起了贪念,过了片刻又把金子给扔了。

还有一次,他们二人同席就读,有人乘着华丽的马车从门口经过。管宁视而不见,依旧专心读书,华歆却抛下书本,出门观看。通过这些事情,管宁认为华歆内心太浮躁,与自己不是志同道合的人,于是割席断交。

两个人的根本区别在哪里呢?管宁虚心求学、意志坚定,不受外界物欲的干扰和左右,这是一种淡定的境界。而华歆却心猿意马,做事不踏实,没有管宁的定力。

由此可见,一个人若想成就一番事业,必须内心保持谦虚和宁静,但意志又要坚实。只有谦虚和宁静,才能感到自己的渺小,才能淡定从容,不断提高自己的能力和修养;只有坚实的意志,才能激发自己奋发图强,在挫折中愈挫愈勇、勇往直前!

第三章

圆融而不圆滑,知世故而不世故

关于世故,鲁迅先生说:"人世间真是难处的地方,说一个人不通世故,固然不是好话,但说他深于世故,也不是好话。"由此可见,我们一方面要学习人情世故,另一方面要修身养性,摒除人情世故所带来的圆滑尘俗之气。

趋炎附势的成功不长久

原文

趋炎附势之祸，甚惨亦甚速；栖恬守逸之味，最淡亦最长。

译文

攀附权贵的人，固然能够得到一点好处，但因此招来的祸患，却是最惨烈而又最迅速的；坚守恬淡安逸的生活，此中的滋味最平淡，也最悠长。

自古以来，世人难免追名拜金，仰望权势。在这种心态之下，有些人趋炎附势，整天总是围着大人物转，依靠权贵生存，但结果却未必美妙。

在植物世界中，有一些藤本植物，喜欢缠绕在大树身上，依靠它们的高度去接受阳光。看起来，这些植物增加了自己的高度，一时春风得意，要风得风，要雨得雨，但当它们寄生的大树死亡或倒下的时候，它们也一并做了殉葬品。

反而观之，大树底下一株小小的蒲公英，长不了多高，却能怡然自乐，在阳光下编织自己的花环。它们虽不鲜艳，但拥有的却是自己的全部心血，结出无数的种子，随风飘远，让生命在宽广的时空里延续。世世代代，生生不息。两相对比,境界高低,立马可见。这份独立与知足,是那些整天琢磨如何攀附的寄生植物不可比拟的。

有些人攀龙附凤、巴结有钱有权有地位的人,是为了让自己获得好处。比如,办事可以走捷径,遇到麻烦有人罩着,一人得道,鸡犬升天。这类人常以结交某个权贵为荣,到处炫耀,希望他人羡慕。但由此所带来的祸害同样不可小觑。

《菜根谭》的作者洪应明经历过官场的尔虞我诈,早就看透了权力游戏的本质。他曾说过这样的话:"衮冕行中,著一藜杖的山人,便增一段高风;渔樵路上,著一衮衣的朝士,转添许多俗气。固知浓不胜淡,俗不如雅也。"意思就是,那些穿着华丽官服、戴着高大冠冕的达官贵人中,如果其中出现一位手持拐杖隐居山林的隐士,便可增添几分高雅的韵致;在渔人樵夫往来的路上,如果出现一位穿着华丽官服、戴着高大冠冕的达官显贵,反而会显得俗气。由此可见,浓艳比不上清淡,庸俗比不上高雅。其实,这样的场景可以想象得到,处处标榜自己的身份和地位的确令人讨厌。

趋炎附势并不是长久之道,这是短视的行为,小成功可以,大成功则需要回归内心的自然。在现实中,那些内心有原则有底线的人,有所为有所不为,在平淡中寻求人生的真意,避免无谓的牵连和烦恼,由此获得的成功和乐趣则十分长久。

北宋年间,黄河经常发生水灾,有一个叫李垂的官员,出于造福百姓的目的,耗费了巨大心血写了一本治理黄河的书,书名为《导河形胜图》。里面有很多治理黄河的方略和建议,但由于宰相丁谓的阻拦,始终不能得到实施。李垂的理想得不到实现,当然很郁闷,于是就有好心人劝他去拜访丁谓,想办法攀附他,这样或许就能得到支持了。可李垂不但不去趋炎附势,反而上书抨击他。结果可想而知,他很快就被贬出京城。

后来,宰相丁谓因作恶太多,被群臣弹劾,罢去相位,被一贬再贬。他的四个儿子、三个弟弟全都跟着遭殃。他的家也被查抄,贿赂的物品令人震惊。丁宰相下台后,李垂很快回到京城。此时,又有好心人劝他去拜见新宰相。他依然坚持自己的一贯作风,绝不肯去趋炎附势。也许有人会替他感到遗憾,一部治水规划就这样搁浅了。但人总得有一个原则去坚守,原宰相丁谓尚且不去拜访,何况新宰相呢?从长远的时空来看,他的作品最终还是得到了后人的认可,因此名传后世,被一代代人敬仰。

贫或富,贵或贱,对人来说都不是最重要的问题,而且贫贱富贵也都是暂时的。重要的是我们有没有一个完善和独立的人格。像那些寄生的藤蔓,它们因大树的死亡而陪葬,这就是趋炎附势者的悲哀。不过,更悲哀的是,它们至死都没有自己的人格,只是一群毫无价值的附庸而已!

关于人世间的趋炎附势,《菜根谭》中还有一句话是这么说的:"栖守道德者,寂寞一时;依阿权势者,凄凉万古。达人观物外之物,思身后之身,宁受一时之寂寞,毋取万古之凄凉。"一个坚守道德准则的人,或许人生会寂寞一时,但会活出真正的自己;一个依附权势的人,或许会一时得逞,但却有可能遗臭万年,凄凉万古。通达人生奥妙的人,能够看透事物背后的真相,追求本质的东西。更会思考到死后的长久名誉,宁可坚守道德而忍受一时的寂寞,也不因依附权贵而遭受万世的凄凉。

这是一个深刻的价值观选择的问题。如果是一个极端的情况,宁肯选择做一时寂寞的有道德的人,也不要做风光一时但遗臭万年的趋炎附势之人。因为后者祸害的不仅是自己,更是整个家族。当然,在现实中我们没有必要非将两者极端化。如果你能在坚守道德准则的基础上,在寂寞中修炼自己的真才实学,同时再尽可能地寻求人生的机会,岂不是更加两全其美吗?

知世故而不世故,玩物而不丧志

原文

徜徉于山林泉石之间,而尘心渐息;意游于诗书图画之内,而俗气潜消。故君子虽不玩物丧志,亦常借境调心。

译文

人如果经常漫步在山川林泉岩石之间,由于受到美好风光的影响,就能使内心的俗念逐渐消失;人如果能经常神游在诗词书画的雅境之间,就会由于美好高雅气氛的熏陶,而不知不觉使身上庸俗的气质消失。所以,一个有才德修养的人,虽然不会因沉迷山水和诗书图画中而丧失本来志向,但也同样需要借助这些外在的意境来调节、涵养自己的身心。

人情世故很重要,需要我们每个人学习和领悟,但懂世故并不意味着要让自己变得庸俗。有些人在人情世故中浸泡太久,往往会内心充满尘埃,肤浅、低俗,毫无内涵和气质可言。如果这样的话,说明你对人情世故的修炼尚未到家。真正深谙人情世故的高手,懂世故而不世故,既能和光同尘,又能保持高雅的心境和品味。

记得李教在一次节目中调侃台湾某富商,说这名富商的书房里有一块匾,上书"金玉满堂"四个大字。这四字出自《道德经》第九章:"金玉满堂,莫之能守。"意思是说,把金玉堆满一屋子,没人能守住。所以李敖嘲笑富商是个没学问、俗不可耐的土包子。

俗话说:"近朱者赤,近墨者黑。"一个人的气质修养、生活情趣与其接触的环境有很大关系。当一个人畅游山水、沉浸在艺术天地的时候,就会达到一种物我两忘的境界。当你徜徉在山水和诗书之间,精神就会感到淡定、舒服。借助这样的雅境来调理身心,庸俗气质自会淡褪,谈吐见解也必将不同凡响。

史学巨著《资治通鉴》里有一则"孙权劝学"的故事——

三国时期,东吴大将吕蒙很会带兵打仗,深受孙权器重。但是有一点孙权很不喜欢,就是他不喜欢读书,文化底子比较薄弱。对此,孙权经常劝说:"你现在掌管军政要务,应该多读点书。"吕蒙以军中公务繁忙为借口搪塞,孙权就苦口婆心地再次劝说:"我难道是要你做专攻翰墨的文学博士吗?只不过让你多读一些书,从书中了解一下历史罢了。每次劝你读书,你都说自己公务繁忙,难道你忙得过我?我这么忙还常常读书,自己感觉到学问、见识和修养都大有进益。"

自此以后,吕蒙听从孙权的劝说,痛下决心,每天坚持读书。后来同事鲁肃途经浔阳,与吕蒙一席交谈,吕蒙竟然学识渊博,跟往日完全不同,不由得大吃一惊道:"士别三日,当刮目相看,您现在的才识学问,再也不是当年那个阿蒙了啊!"

这就是人们后来常说的"士别三日,当刮目相看"典故的来源。由此可见,一个人的气质内涵,一方面是天生的,另一方面则是后天修炼的结果。

如果你想做一个懂世故但不庸俗的人,就要学会融入自然,多出去感受一下山水的幽雅环境,让身心愉悦,尘虑尽消,以此达到心灵上的虚静、安适。此外,你在忙碌之余,也不妨涉猎一些诗词歌赋、琴棋书画,在雅致的氛围中陶冶和升华自己。

　　鲁迅先生说："人世间真是难处的地方，说一个人不通世故，固然不是好话，但说他深于世故，也不是好话。"我们应该怎么办？一方面要学习人情世故，另一方面又要去除人情世故所带来的圆滑尘俗之气，做一个情趣高雅的人，不断地涵养身心。久而久之，你的言谈举止自会散发高雅气度，必将给人一种舒服和亲切的感觉。这样一来，你就会大受欢迎，朋友就会越来越多，交际圈也会越来越广，从而在为人处世上得心应手、圆转自如。

　　不过，在寄情山水和诗书涵养精神时，我们必须警惕——千万不可沉湎其中，玩物丧志。有些人过于沉迷旅游和琴棋书画，整日将玩乐当成生活的主流，几乎投入全部的精力，结果则是耽误工作和事业，影响家庭幸福。他们不但没有在物质上发财，没有在精神上得到涵养，反而因此荒废大好光阴，甚至让自己背上重债，一生都毁在这些所谓的雅事上了。

哀叹世态炎凉，不如去除心中冰炭

原文

天运之寒暑易避，人世之炎凉难除；人世之炎凉易除，吾心之冰炭难去。去得此中之冰炭，则满腔和气，自随地有春风矣。

译文

大自然的寒冬和炎夏容易躲避，人世间的世态炎凉却难以去除；人世间的炎凉容易化解，积存在我们内心的冰雪和炭火却难以去除。如能去除心中的冰炭，那我们待人就会满腔和气，自然到处都是温暖的春风了。

有些人总是哀叹"世态炎凉"，认为这个世上都是势利之人，这话虽然有几分道理，但我们却不能抱着这样的眼光看世界。事实上，世上最难化解的就是人心，真正的炎凉不在外界，正在你自己的心中。所以《菜根谭》认为，欲得"满腔和气，随地春风"，则"当净其心"，去除心中的冰炭。心不净，外在的行为再怎么粉饰，也是不长久的。说白了，为人处世、待人接物，我们做到心态平和，心门自然打开。不记私仇，自然就能和气于内，春风于外，就能与人真正友好地相处，共同顺利地做事，不会出什么乱子。

一个人心中没有冰炭，不走极端，能够客观理性地看待人和事，这样往往能够成就一番伟业。在历史上，这样的人物屡见不鲜——

大唐皇帝李世民所开创的"贞观之治"，在一定程度上，就是客观理性接纳魏徵的结果。魏徵是什么人呢？读过历史的人都知道，他一开始就与李世民不和，早年投奔瓦岗军，兵败后归唐；后被窦建德俘虏，又投降窦建德；窦建德兵败后，他又重新归唐，成为太子李建成的近臣，还不止一次劝说李建成赶紧杀掉李世民，以免留下后患。

这样一个人，按说该是李世民的大仇人了吧？然而，李建成死后，李世民就是不杀魏徵，不但不杀，还委以重任，让他替自己管理国家，出谋划策。并且，魏徵屡次进谏，指出李世民在施政上的错误，说话刻薄，从不留情面，李世民也是对他始终宽恕，不以为过，反而把他当作了自己的一面镜子，时刻审查、纠正自己的言行。

出现这样的君臣佳话，正是李世民内心宽厚平和的结果。他真正去除了内心的冰炭，不激动如炭火，也不沮丧如冰雪，从不在两个极端摇摆，而是中正平和地为人处世、治国理政。如果他心中充满冰炭，魏徵就算有一百颗脑袋，也不够砍的。但李世民不同，他生气归生气，生完气，最终都能原谅魏徵，没有给予教训和惩罚。

一个人要想做到"满腔和气"，做人方面就要豁达大度、胸怀宽阔，不要因偏见影响公义，不要戴着有色眼镜看人。问题是，现实中有些人总是斤斤计较，把私利放在第一位，从不以大局为重。在情绪方面，他们也是一会儿上天堂，一会儿下地狱，可谓冰火两重天。这样的人，别说宽容，自己不占便宜就觉得吃亏了。如此做人做事，自然就谈不上中正平和，惨遭失败也是必然的。

清代有个李知县，堪称小器中的极品。他做人做事有个八字原则："吃我吐我，私我还我。"就是说，吃了我的，一定得给我吐出来；私下得罪过我的，我也一定会原样奉还。人们因此戏称他为"李八字"。

李八字断案的时候，经常向受害人索取贿赂，并且按贿赂多少来判案。给钱少的，就少给些公平，给钱多的，便多给些倾向。至于不给钱的，那可就倒了霉，他非得想方设法冤枉对方不可，还口出狂言，说："有我姓李的在此，岂有你们翻身之日？"不但断案，他对待下属的师爷和干吏，也是性情暴戾、睚眦必报。所以，没人愿在他手下当差，光是师爷，两年内就跑了仨。

做人到了这个份上，离报应也就不远了。许多人都去告状，还有人告到京城。终于有一天，他的后台在朝堂失了势，李八字跟着受到清算，被装进牢车，没几个月就掉了脑袋。

人生就是这样，三十年河东三十年河西。自己得势的时候不要张狂，事情不要做绝，要给自己留下余地，因为谁也不知道未来的发展形势怎么样。那么，我们如何看待人与人之间的关系呢？司马迁在《史记·汲郑列传》中写道："一死一生，乃知交情，一贫一富，乃知交态，一贵一贱，交情乃见。"经历过生死、贫富、贵贱，方能看清谁才是真正的朋友。

关于人与人之间的交情，作家贾平凹曾这样写道：

朋友是磁石吸来的铁片儿、钉子、螺丝帽和小别针，只要愿意，从俗世上的任何尘土里都能吸来。现在，街上的小青年有江湖意气，喜欢把朋友的关系叫"铁哥们"，第一次听到这么说，以为是铁焊了那种牢不可破，但一想，磁石吸的就是关于铁的东西呀。这些东西，有的用力甩甩就掉了，有的怎么也甩不掉，可你没了磁性它们就全没有喽！

很多所谓的"铁哥们""铁姐们"，其实就是被你的磁性吸引过来的。如果有一天你没有了磁性，他们也就全跑没了。在这个现实的世界里，我们之所以能够深情地活下去，是因为还有真挚温暖的情感存在，这让世态炎凉不再那么可怕。

除此以外，一个人做到内心宽容，自然就能赢得别人的敬佩和尊重。做到宽容、中正、平和，你的性情就越不会偏执，就越有回转的余地，于是就不会动肝火、闹情绪，愈加不会纠缠于无谓的小事。宽容和气者有路走，狭隘固执者处处碰壁。因此，一个内心中正平和的人，从来不会让自己走投无路，而是到处都可以契机应缘、和谐圆满。这样的人，不管遇到什么事，都能从容化解，笑着面对人生，如同置身于明媚的春光之中。

如何看待成功和失败——初心和末路

原文

事穷势蹙(cù)之人，当原其初心；功成行满之士，要观其末路。

译文

对于那些事业陷入困境的人，我们要探究他拼搏的初心；对于一个事业成功而感到万事如意的人，要看他能否坚持下去，观察他最后的结局如何。

我曾听过这样一个故事：一个人养的宠物鱼死了，他特别伤心，这是和他朝夕相伴多年的一条鱼，已经产生了很深的感情。他想将鱼火葬而不是土葬，再把鱼的骨灰撒回大海，让它能够回到最初的故乡。他开始把鱼的尸体放在炉上烤，以此施行火葬。谁知道，这鱼越烤越香，他实在经不住香味的诱惑，后来就买了两瓶啤酒……

这个故事说明什么道理呢?在现实生活中,很多事情,人们做着做着,就忘了初心,迷失了最初的目标和理想。初心是高尚的,但最后的结果却让人大跌眼镜。

那么,我们如何正确看待一个人是成功或失败呢?《菜根谭》给出的答案是看他的初心怎么样。一个不忘初心的人,即便现在正处在困境中,也不应受到过多的责备和嘲笑。只要"勿忘初心,牢记使命",方法得当,找回当初的奋发精神,总有一天会东山再起。

一个春风得意的成功者,虽然现在无往而不利,呼风唤雨,我们也不能急着竖大拇指去夸赞,而是要观察一下,看他能不能将好势头保持下去,是否能够善始善终,坚持到最后。要知道,很多失败者都曾经有过辉煌的过去,也都在做事时一度接近过终点,但还是倒在了冲刺的路上,失败在了最后某个关键时刻。比如楚霸王项羽,刚开始灭秦的时候是如何勇猛,而最后在十面埋伏中霸王别姬,自刎乌江,又是如何地惨烈!所以,我们评价一个人,一是看初心,二是看末路。只有那些朝着初心前进并能画上完美句号的人,才是真正了不起的成功者。

为人处世,我们应该把自己的选择与初心结合起来,实现内在与外在的统一。不管遇到什么情况,都不要中途改变方向,不要被暂时的挫折打败。就这样,坚持到底,善始善终。

人生在世,谁也无法预料成功与失败。功利的人们,总是把耀眼的花环戴到成功者的头上,失败者却面临穷途末路,得不到理解。我们不应该以成败论英雄,对失败者来说,最要紧的事情,不是发泄情绪,而是要静下心来,反思一下,还原自己的初心,审问一下自己,是否背离自己的本性,是否在不经意间改变了当初的目标和理想?

我们应当客观冷静地看待失败者,不能对失败者一竿子打倒,而是去想想他做事的初心是不是好的,然后再决定是不是需要体谅他。只要他的出发点是正确的,即便事情做错了,也无非是方法问题,不需要过多苛责。

一时的得失,并不能决定一个人一生的成败,"盖棺始能论定"。只要初心不变,善于分析总结,努力奋斗,失败就是成功的前奏。如果"初心"都是坏的,无论再怎么努力,恐怕结局也不会好到哪里去。

人性就是如此,一个人做了一辈子坏事,晚年却做了件好事,人们大都会记得他的好;一个人做了一辈子好事,晚年却干了件坏事,人们却会记得他的坏,很少有人想起他的好。在现实生活中,这种情况屡见不鲜。历史上的周处,年轻时蛮横强悍,是当地一大祸害。后来改过自新,励志好学,最终成为赫赫有名的大英雄。对我们来说,应该时刻提醒自己"勿忘初心,保全晚节",这才是理性和正确的做法。

人生要担得起,也要能放得下

原文

宇宙内事,要力担当,又要善摆脱。不担当,则无经世之事业;不摆脱,则无出世之襟期。

译文

天下之事,既要尽力承担并负起责任,又要善于摆脱牵绊。不能担当责任,就无法建立安邦定国的事业;不能摆脱牵绊,就不能保持超脱世俗的襟怀。

在世界上,我们要有敢于承担的勇气,做一些不同凡响的事情,不然岂不白白来世上走一遭吗？然而，我们也应当知道，在适当的时候，要敢于放下，摆脱人生的烦恼，果断地跳出局外。这叫担得起，放得下。担得起是责任，放得下是胸怀。唯有这样，才能品尝到奋斗与超脱的快乐，不因胆怯而错失良机，也不因过于在乎而斤斤计较、苦苦纠缠。

从本质上讲，事业的成功或失败，都将注定成为历史的过眼云烟，不过是我们生命中必须经历的过程。有力气的时候，就要勇于承担，去尽情体验。一旦体验差不多了，倦了累了，就要勇于摆脱，放手去休息。对于内心的需求来说，比成功和荣誉更重要的东西，就是凌驾于一切成败祸福之上的淡定与安宁。

西汉名将卫青，是一位著名统帅，既有大无畏的担当精神，又有放得下的宽广胸怀。汉武帝登基初期，匈奴不断侵犯边疆，抢掠财物，残害百姓。当国家需要优秀将帅挺身而出时，卫青毫不犹豫地担起皇帝给予的重任，五次出征，均取得大捷，重创了匈奴。一时之间，风光无俩，他成为当时汉朝最重要的军事统帅，登上了人生的顶峰。

然而，当皇帝开始重用另一位天才将领霍去病时，卫青没有因为嫉妒而耿耿于怀，更没有对权力痴迷而不肯让位，而是果断选择放下手中的权力。在人生的黄金年龄，他选择退隐在家。这一退就是十几年，一直到自己去世，始终没有发出半句怨言。正是由于这种高贵的品格，在他死后，得到葬在汉武帝寝陵边的荣誉，留名于青史。

担得起，放得下，卫青可谓当之无愧。但有些人就截然不同了，比如明朝开国功臣胡惟庸，他是一个干实事的人，办事能力很强，因此得到朱元璋的宠信。被圣上如此宠信，他渐渐变得骄横而狂妄。身居丞相之位的他，位极人臣，总理国政，不思退，不思危，不但放不下，反而培植党羽，冀图殊死一搏，最终落了个身死族灭的结局。

在生活中，有些人担不起，遇到困难就想跑，宁愿躲到墙角掉眼泪，就是不敢尝试一下；还有些人则是放不下，看到同事升了职，比自己权力大，就心胸狭窄，想背后使坏。不舍得放手，非得一条道走到黑，不见棺材不掉泪。这两种极端，都是要不得的。

有事的时候，我们勇敢承担。事情过了，我们就要放下，不要把事情长久地放在心上。正如《菜根谭》中说："风来疏竹，风过而竹不留声；雁渡寒潭，雁去而潭不留影。故君子事来而心始现，事去而心随空。"意思就是，当轻风吹过稀疏的竹林时，会发出沙沙的声响，可是吹过之后，竹林又归于寂静，不再留有风的声音；当大雁飞过寒冷的深潭时，身影会倒映在水潭上，但是大雁飞过之后，潭面不会留下雁影。所以，君子在事情来临时才会显出自己的能力，而事情结束后，他们的本性又复归虚静了。眷恋功名，积极进取，当然不算一种坏的品质，但入世再深，也不要忘了底线。有些事情，当不适合自己时，就应该及时放下；有些烦恼，应当及时斩断，不要纠缠不放。

每个人都应量力而行。拿起应挑的重担，放下虚荣、烦恼，轻装上阵，收获属于自己的那份成功。有些运动员大脑里的杂念太多，思想包袱太重，哪怕平时训练得很好，在正式比赛中往往拿不到好成绩。而有些刚出道的运动员，由于心里没有那么大的压力，担得起放得下，反而总会爆出冷门。正是放下的心态，激发了他们的潜能。

归根结底，我们不要自暴自弃，要敢于迎难而上，担负人生的使命。同时，我们也不要过高估计自己对于他人或社会的重要性，要看开释怀，让自己活得坦然和自在。人生一世，草木一秋，倘若没有担当的勇气，活着与蝼蚁何异？另外，如果总是放不下一些东西，让烦恼的丝线整天缠绕自己，又有什么意义？早该放下的东西，却还在肩上挑着，不知道放下，这是很悲哀的。

人生大智慧，不过六个字：担得起，放得下。前者决定你能活得多轻松，后者决定你能走多远。能进能退，有舍有得，担得起又放得下，这才是为人处世的最高境界。担得起是生存，放得下是生活；担得起是能力，放得下是智慧。希望你的一生，不缺少担得起的魄力和实力，同时也有放得下的胸襟和气度。

做人要收放自如

原文

白氏云:"不如放身心,冥然任天造。"晁氏云:"不如收身心,凝然归寂定。"放者流为猖狂,收者入于枯寂。唯善操身心者,把柄在手,收放自如。

译文

唐代诗人白居易的诗说:"不如放任自己的身心,恍惚地听从上天的安排。"北宋诗人晁补之的诗说:"不如收敛自己的身心,安详地归于静止不动。"这是两种不同的观点。放任往往使人狂妄自大,过度收敛又会使人陷入枯燥寂寞。只有善于把握自己身心的人,才能够掌握事物规律,达到收放自如的境界。

人生应该怎么活呢?是大胆狂放一些好,还是自律收敛一些好?有人说,放心大胆去做,不要有任何顾虑;又有人说,收敛自己才是智者的所为。那么,我们应该听谁的?

答案是,大胆狂放不可取,过于谨慎也不可取,真正的做法是四个字——收放自如。

那么,如何才能做到收放自如呢?只有善于掌控自己的内心,为人处世才能做到收放自如。人生不如意十有八九,既然生活在这个世界上,就免不了受到生活给我们带来的种种困扰,所以这个时候,就应该把握住自己的身心。在命运面前，我们不可懦弱地逆来顺受，听从命运的摆布，但也不能走进死胡同，一意孤行。我们应该在放和收中间找到一个平衡点，从而驾驭自己桀骜不驯的身心。当你的身心能够收放自如，那么就能真正领略其中的乐趣。该放下的时候果断放下，该主动争取的时候决不妥协。

公元前202年，楚霸王项羽被韩信的军队团团围在垓下，兵少粮绝，不论如何突围，始终逃脱不出韩信的十面埋伏。到了第二天清晨，他终于突出汉营，然而身边追随的兵士仅剩26人，于是他率领这26人一直向南逃亡，来到了乌江。乌江亭口系着一只小船，亭长劝说项羽速速渡江，将来有机会东山再起。然而项羽却道："这是上天要灭亡我，不是我带兵的罪过，渡江回去还有什么用呢？"说罢，自刎于乌江岸边。

项羽最后的人生结局，令很多人为之感叹不已。宋代著名词人李清照曾在《夏日绝句》中写道："生当作人杰，死亦为鬼雄。至今思项羽，不肯过江东。"我们不禁会想，如果项羽过了乌江，那又将如何呢？历史是否会因此而改写？我们不得而知。

不过，回想项羽的一生，的确犯了很多错误。走投无路之时，他尚不醒悟。当初在鸿门宴上他优柔寡断，狠不下心，放不开手脚，不听谋士范增之言，没有将刘邦除去，导致养虎为患，酿成祸端。等有机会逃出生天、东山再起的时候，他却又舍不得脸皮，一心要自刎。大丈夫能屈能伸、收放自如难道不好吗？对于项羽的行为，司马迁评论他大错特错，这是有一定道理的。

关于收放自如，社会学家李银河曾经说这样的观点——

人生最惬意的莫过于收放自如，无论是在人际关系上，还是社会活动上。
在人际关系上的收放自如，是可以随时随意建立自己喜欢的关系，解脱不喜欢的关系，把不可解脱的关系变成良性循环的关系。有些人际关系是无法断绝的，例如亲情关系，其中最主要的是亲子关系和兄弟姐妹关系。这些关系既有血缘的基础，又有长期共同生活建立起来的亲密联系。无法说断就断，所以唯有细心呵护，使之互动良好，成为一种亲密无间相得益彰的关系。馈赠与回馈，付出与回报，良性循环，其乐融融。有些关系是可以断绝的，例如友情。喜欢就交往，厌恶就不交往，不要让自己陷入纠缠不清的状态，鸡肋的状态（食之无味，弃之可惜）。当和则和，当断则断，这就是收放自如。

在社会活动中的收放自如，是可以随时随意做自己喜欢做的事，摆脱自己不喜欢做的事。人生最大的幸运就是知道哪些事是自己真正喜欢做的，哪些事是自己不喜欢做的。一个不喜欢做官的人，由于各种偶然的机遇做了官，他的人生不会得到真正的快乐；一个没有艺术才能的人去做了艺术，不但不会成功，也不会快乐；一个喜欢文科的人偏偏去学了理科，一辈子做自己不喜欢的事情，他不会快乐。收放自如的境界，就是争取到可以随心所欲自由自在做自己喜欢做的事的机会。

要到达收放自如的境地，有两个前提：一是解决生存问题，可以衣食无虞，可以得温饱；二是要有这个主观自觉，愿意过收放自如的生活，愿意成为一个收放自如的人。

由此可见，收放自如不仅体现在具体做事上，在处理社会关系方面同样至关重要。

当和则和，当断则断，我们都要做到收放自如。这里讲得是放得开，一定要敢于打开局面，让人生拥有大开大合的气象。但在险滩拐弯处，我们也要多加小心，如此才能避免翻车沉船的危险。要知道，面对纷杂的人和事，唯有收放自如，才能让你得心应手。

不要脑热冲动，也不要在冷嘲热讽中迷失自我。不放任自流，但也不要畏畏缩缩地不敢迎接挑战。我们要坚定地守住自我,对未来始终充满信心。在遵循客观规律的基础上,我们让自己做到当收则收,当放则放,这才是唯一正确的王道。

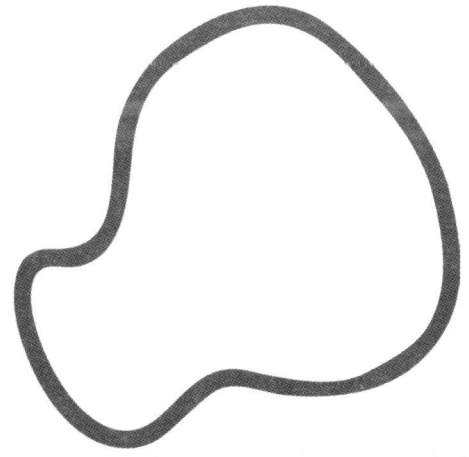

第四章

喜怒不形于色，好恶不言于表

人情世故修炼到最高境界是什么样？《三国志·蜀书·先主传》中给出了答案："喜怒不形于色，好恶不言于表；悲欢不溢于面，生死不从于天。"要想人情练达，关键是修养身心，心如古井，不起波澜。精明不如拙朴，锋芒毕露不如和气圆融。

个人喜好的误区

原文

人情听莺啼则喜,闻蛙鸣则厌,见花则思培之,遇草则欲去之,俱是以形气用事。若以性天视之,何者非自鸣其天机,非自畅其生意也?

译文

人之常情,听到黄莺婉转啼鸣就高兴,听到青蛙呱呱大叫就会讨厌,看到花卉就想栽培,看到杂草就想铲除,这都是根据事物的外形气质来主观地决定好恶。但如果以自然本性来看待,哪一个动物不是随其天性而鸣叫,哪一种草木不是随其自然而生发呢?

有时候,我们在看待一个事物的时候,总是因个人喜好而产生偏见,从而缺乏理性和客观的判断,最终得出错误的结论。在工作和生活中,一个人若是以喜好看人,以意气用事,那么做事成功的概率往往不是很大,甚至会得到事与愿违的结果。

三国时期，西川刘璋帐下有位很有才干的人——张松，字永年。张松知道刘璋实力太弱，自己满腹经纶而无用武之地，经常夙夜叹息怀才不遇。

终于有一次，他得到了出使曹魏的机会。他有心投奔曹操，于是临行之前偷偷将描绘西川地理形势的地图藏在身上，以作尽忠曹操的献礼。

曹操素以知人善任著称于世，可他也有主观臆断、意气用事的时候。他见到张松"额镢头尖，鼻偃齿露，身短不满五尺"的模样，便生出五分厌恶之心，加上张松言语顶撞，曹操大怒之下要将其斩首。幸亏杨修等人冒死进谏，张松这才挽回一条性命。

他郁郁返回西川的时候，途经荆州，被刘备厚待。张松被他礼贤下士的风度所折服，心怀感激之情，当下将地图展示给刘备观摩，并授以谋取西川之法。所以后来刘备尽取汉中之地，建立帝业，不得不说其中有张松的一份功劳。

纵是曹操这样的人也曾犯下错误，更何况我们普通人呢？试想一下，如果曹操对张松礼贤下士，那么张松自然愿意将西川地图双手奉上。以曹操的雄才伟略，又手握地图，夺取汉中之地岂不易如反掌？如果这样的话，三分天下的版图可能就不会在历史上出现了。这就是个人喜好的误区。

在生活中，我们最容易犯以个人喜好看人的毛病。如果你总是以个人喜好看人，忽视深入研究真实的性格和人品，那么就可能会错过帮你改变命运的贵人。因此，我们在做任何事情的时候，都不能全凭自己的主观喜好去处理问题。在为人处世的时候，尽量做到清醒理性，对待事物要客观、全面。只有保持清醒的头脑、理性的思维，客观地辨别，做人做事才不会走进死胡同。

在交友方面，我们更应该时刻谨慎，不可意气用事、胡乱结交。现实生活中，身边一些"朋友"对我们甜言蜜语，说尽好话。这时，人性的弱点就很容易暴露出来。人嘛，谁不喜欢听好听的？可往往就是这些所谓的"朋友",在你真正需要他们的时候会远远躲开,更有甚者,落井下石、背后捅刀,对你来个趁火打劫。相反,有些朋友平时对你寡言少语,甚至态度冷漠。然而,当你遇到难处、落入险境之时,他们会不遗余力地帮助你,为你不辞劳苦地奔波忙碌。

  社会上有很多笑里藏刀、口蜜腹剑的人,在与他们打交道时,我们一定要对其有全面透彻的了解,要冷静观察这样的人是否忠诚可信,千万不可过于武断,只看其一面,而忽视其他。唐太宗曾经问魏徵一个问题:"人主何为而明,何为而暗?"魏徵回答:"兼听则明,偏信则暗。"无论交友还是听取他人建议,都要去除个人喜好。

  那么,在人际交往中,我们如何才能理性客观地鉴别好朋友和坏朋友呢?《论语》中说:"益者三友,损者三友。友直,友谅,友多闻,益矣。友便辟,友善柔,友便佞,损矣。"意思就是说,益友有三种类型:正直、诚信、博识多闻;损友也有三种类型:谄媚逢迎、两面三刀、花言巧语。用这个标准衡量一下,你有几个益友,又有几个损友?

  圣人的话是很有道理的,所以我们结交朋友时一定要理性而慎重。越是那些损友,越会讨你的欢心,说话做事都会让你感到舒服陶醉。如果我们任凭个人喜好而滥交朋友,那么最终难免为其所累,甚至会被一些小人拖累!

有爱好可以，但不可过分贪恋

原文

山林是胜地，一营恋便成市朝；书画是雅事，一贪痴便成商贾。盖心无染著，欲境是仙都；心有系恋，乐境成苦海矣。

译文

山川林泉是风景秀丽的地方，但是一旦沉迷留恋，就会变成庸俗喧扰的闹市。书法绘画是一种高雅的趣味，可是一旦贪爱痴迷，就成了市侩商人。所以只要内心不受外物的侵染，即便是置身于物欲横流之所，也如同身处仙乡；如果内心有了过多的留恋，即便是处于乐土之中，也如同置身苦海之中。

任何美好的事物，一旦过分贪痴，就会丧失它本来的乐趣。很多高雅的兴趣和爱好，一旦因为贪痴，就可能会变得市侩和低俗。比如深山老林，本来是贤人隐士逃避世俗的绝胜佳处，但人们纷纷涌入，就与热闹繁华的集市没什么区别了；再比如书画等爱好，本是风雅趣事，可如果过分贪恋，就可能沦为书画商人，每天为了生计奔波忙碌。如此一来，书画的审美和趣味便荡然无存。

那么，爱好和兴趣到底应不应该变成职业呢？这真是一个矛盾。我们从小就听说过"兴趣是最好的老师"这句话，在兴趣的带动下，我们才能更好地学好一门学问，但为什么兴趣变成职业有的时候可能是一个错误呢？很多人对此百思不得其解。

曾经有不少人向我请教:"该不该把兴趣变成职业?"他们的理由很充分,诸如我对每天的工作不感兴趣,很想辞职可以吗?或者我很喜欢某件事,可以把它变成我以后的工作吗?如果那样的话,我每天都可以高兴得蹦起来了。他们会陷入幻想之中,总是想得很简单,比如我喜欢看电影,那么我以后就可以做导演或编剧了;我喜欢唱歌,那么就可以做一名歌唱家;我喜欢旅游,那么就可以靠徒步走天下;我喜欢吃,那么以后可以做一名美食家……果真如此吗?事实上,现实往往是残酷的。

我有个朋友,特别喜欢文学,他原本是一名公务员,收入颇丰,生活压力很小,可以有大量的闲暇时间用来读书、写作,以及参加各类写作活动。他的写作水平也确实不错,陆续在杂志上发表文字。看到自己发表的作品,他特别兴奋,激动地想:"如果我辞掉这个工作,专心用来写作岂不是更好吗?那样我会有更大的成就。我要做一名伟大的作家!"就这样,他辞掉了工作,每天在家写作,他的目标是写一部20万字的长篇小说。

可写着写着,他就开始遭遇经济危机。他一边在电脑上敲着文字,一边想着生活开支的问题,结果就再也写不下去了。最后他刷信用卡支撑着,终于坚持到把小说写完,可是新的问题又来了。这么长的小说应该如何发呢?无论是杂志社还是出版社,都不愿意接受这样的作品。他开始每天投稿,但几乎每次都石沉大海。就当快绝望的时候,有一家出版社的编辑联系到他,希望他能够配合选题策划,编写一部家庭小窍门的书,稿费少得可怜,跟当初的文学梦想相去甚远。但为了生存,他接下了这个活儿。

就这样,他编完一本之后,又一本类似的撰稿任务来了,他再次无奈地接下了这个活儿。有一天他向我诉苦说:"现在我后悔了。如果把兴趣变成自己的工作,各种各样的压力,已经把我的激情磨损殆尽,渐渐地我开始不那么喜欢文学了,甚至有点儿说不出的讨厌。如果像当初那样,我一边在单位里上着班,一边读书写文章,那该有多好啊!"我能够感受到他的绝望和痛苦,但却无能为力。

如果你真的很喜欢某个事情,笃定地要将这件事变成自己一生的职业,其实也未尝不可。只是从一开始,你就要打消自己的幻想,要用冷静的头脑思考未来的职业生涯。你要做好忍受一切枯燥、乏味、困难的准备,而且你要将这种爱好变成自己独一无二的能力。你不仅要爱,而且要擅长。只有将个人的兴趣和职场竞争力结合起来,你才真正具有价值,才能从兴趣中获取生存的资本,在好好生活的同时感受到兴趣满足的快乐。

爱好是爱好,职业是职业,你所爱的未必是你所擅长的,所以我们一定要让自己清醒起来,不可陷入偏执和疯狂。在生活中,有些人爱上另一个人,就开始奋不顾身,丝毫不考虑对方是否爱自己,也不考虑这个人是否适合自己,就一味地死缠烂打,寻死觅活。事实上,爱到极端,男女双方可能就成为仇人了。即使不成仇人,也大都不得善终。

关于这种极端的感情,《书剑恩仇录》中有十六字忠告:"情深不寿,强极则辱。谦谦君子,温润如玉。"意思是说,两个人之间的感情太深,往往不得善终。事物强大到极点往往会遭受侮辱。作为一个谦和的君子,应以玉的温润、内敛自省,待人和煦,举止从容,给人如沐春风之感。

本来是一个很好的东西,如果过分投入,沉溺其中,就会导致一百八十度大转变。同样的道理,现实中的人们,如果对金钱、权力、地位过于崇拜,热切无比地渴求得到这些东西,那么也会导致过犹不及的结果。

相信大家都熟悉《儒林外史》中"范进中举"的故事。读书人范进穷困潦倒,一连考了二十几次,屡屡不中,直到54岁那年才侥幸中了举人。听闻喜讯之后,他居然昏倒在地,曾一度高兴得发疯了。物极必反,过于刻意追求自己想得到的东西,到头来再回顾自己失去的东西,很多人往往会发现得不偿失。

那么,我们该怎么做呢?适可而止。与其抛开一切放手去追,不如不快不慢,不骄不躁,让心灵保持一份平静。经营好自己的生活,让身边的每个人都幸福,这难道不是一种仙境乐都吗?

聪明不如守拙,坚守自己的本性

原文

宁守浑噩而黜(chù)聪明,留些正气还天地;宁谢纷华而甘淡泊,遗个清名在乾坤。

译文

宁可保持纯朴拙诚的本性而摒除机巧奸诈的小聪明,以便留一点浩然正气还给天地;宁可抛弃纷扰的繁华而过着淡泊的生活,以便在人世间留下美名。

在这个世界上,人人渴求着财富、权势,追求物质上的满足。但当面临这些诱惑的时候,我们就应该提醒自己,一定要在欲望的诱惑下坚守自己的本性,即使身逢污浊不堪的环境,也要本着一种出淤泥而不染的态度应对各种挑战,不迷失自己的本真。否则,我们很容易被这些欲望吞噬。想想看,如果自己的心灵与肉体分离,与行尸走肉又有何异?

有些人自以为有点儿小聪明,便偷奸耍滑,不思进取,向堕落的深渊步步迈进。在工作中浑浑噩噩地度日,只要没有领导督促,就得过且过,以敷衍了事的心态工作。这样继续下去，不难想象他的业绩会是什么样子。这样的人，在生活中喜欢占小便宜，为了自己的利益不择手段。其实，这样的人并不是真正的聪明。

试想一下，如果工作态度不认真，对事业毫无责任心，一次两次还行，时间一长，迟早会被领导发现纰漏，被公司扫地出门自然就在情理之中。如何解决这一问题呢？在工作和生活中，你心中需要有一股浩然正气，这样才不至于活得太累，从心灵上得到解脱和自由。关于正气，《孟子》中有一段对话：

公孙丑问孟子道："先生，您最擅长的是什么呢？"

孟子回答道："我善于培养自己的浩然之气。"

公孙丑又问："什么叫浩然之气呢？"

孟子道："这是一种气，也是一股气魄浩大的力量。如果你用正义来培养它，它就会充塞于天地之间。可是，它还须与道德相配合，否则就会缺乏力量。"

按照孟子的理论，在中国历史上，苏武便是一位胸怀浩然正气之人。公元前100年，苏武奉命出使匈奴，不幸被匈奴扣留，不能重返汉朝。匈奴单于向他威逼利诱，许以高官厚禄，均被他断然辞绝。匈奴单于无计可施，在恼羞成怒之下，将他流放北海。他在冰天雪地的苦寒之地，在缺吃少穿的恶劣环境中，整整度过十九个春秋。

然而，素来与苏武交厚的李陵在被匈奴俘虏之后，早已投降变节。于是单于命李陵去北海劝降苏武，在李陵的一番"晓以大义"之后，苏武仍不改其志，并说："我的家族世代受朝廷隆恩，如今正是我报答朝廷的时候，即使斧钺加身，我也甘之如饴！"与李陵相比，苏武的这份坚守，是否太过愚忠了？是否太不值得了？事实上，苏武所坚守的是春秋大义，是一股浩然正气，因而他能名垂青史，受到后人的万世景仰！

不得不说，现实社会中，有些人变得"聪明"起来。所谓的"聪明"，就是抛弃了一些必须坚守的基本的价值观，很多人利欲熏心，被眼花缭乱的声色所诱惑。为了实现欲望，我们需要成熟理智，需要机诈的城府，需要足够的财富功名。而这些，恰恰是我们痛苦的根源。《道德经》中说："五色令人目盲，五音令人耳聋。"唯有摆脱欲望的诱惑，我们才能审视自己，驾驭自己。

在成长过程中，我们渐渐忘记了当初的理想。想想小时候，我们生活简单，而现在我们开始嘲笑往昔的自己。对个人来说，难道不是一种悲哀吗？我们是如何一步步从简单变得复杂的？《菜根谭》中给出了答案："涉世浅，点染亦浅；历事深，机械亦深。故君子与其练达，不若朴鲁；与其曲谨，不若疏狂。"一个刚踏入社会的人，阅历和见识比较浅薄，沾染各种恶习的机会比较少；一个人踏入社会很多年，经历的事情多了，心机就会随之加深，不知不觉就成了老江湖了。但在社会中，人情不可不练达，但不可太练达，过于精明不如保持拙朴的性格；与其事事小心委屈自己，倒不如豁达一些，保持一些纯真的本性。即使你很聪明，也要隐藏起来，这样才是大智慧。

天地不可无和气，人心不可无喜神

原文
疾风怒雨，禽鸟戚戚；霁日光风，草木欣欣。可见天地不可一日无和气，人心不可一日无喜神。

译文
狂风暴雨的天气，即使飞鸟也会感到忧伤与哀戚；风和日丽的时候，即使草木也会欣欣向荣；由此可见，天地之间不可一日没有祥和的天气，而人的内心也不可一天没有喜悦的精神。

一个人生存于世，需要亲和力与乐观精神。大多数人都不喜欢暴风骤雨的暴戾，而喜欢春暖花开的和暖。同样道理，大家也都喜欢笑口常开的人。如果你总是板着面孔，愁眉苦脸，那么事情就会越发糟糕。

对于同一事物，不同的人会有不同的看法。你的看法如何，决定你人生的境界高低。在工作生活中，你的亲和力、你的心态非常关键，直接决定了你在社会上受欢迎的程度。

明末清初有位大才子名叫周清原，当时人们称赞他"旷世逸才，胸怀慷慨，朗朗如百间屋"，这么一位有才情的人，最后却因恃才傲物而落个怀才不遇、穷困潦倒的下场，发出"愿生生世世为目不识丁之人"的悲怆感叹。

周清原的人生境遇，自然是可悲可怜的，值得我们惋惜和同情。但对他而言，是否调整好了自己的心态？可曾扪心自问：自己是否恃才傲物，是否太过盛气凌人？是否曾以亲和的面容来面对世界与周围的人？

如果你不懂得反思和检讨，稍微遇到一些挫折和失败，就感到自己受到委屈，便怨天尤人，抱怨社会不公、人心不古，这样下去不会有好结果。这是一种极端的认知思维，如果不能调整好自己的心态，迟早会落个怀才不遇的下场。

你整天咬牙切齿、愁眉苦脸给谁看？谁愿意天天跟这样一个人长久相处呢？要知道，天地不可一日无和气，人心不可一日无喜神。和气生财，只有保持和气、笑口常开，事业才能蒸蒸日上、顺风顺水。

然而，人非圣贤，孰能无过？每个人都有七情六欲，喜怒哀乐源自人的本性，人的情绪像水一样变化不定，心情岂能每天都快快乐乐？人生不如意十有八九，我们固然不能做到永远开心快乐，但遇到烦心事的时候，我们可以选择采取什么样的方式来调整心态呢？

有个富翁在自家花园里，种了一盆名贵的牡丹花。他特别喜欢，每天都要过去看一看闻一闻，然后心情愉悦地出门去。一天，家中两个仆人在花园里打闹玩耍，一不小心把这盆牡丹花给撞倒了，只听砰的一声，盆破了，花瓣凋零一地。两个仆人吓坏了，不知如何是好。等主人回到家，二人扑通跪在地上，哭着请求饶恕。主人弯腰把仆人扶起来，笑着说："你们不必担心，我已经原谅你们了。要知道，我养花就是为了快乐而不是生气啊，如果我因为花盆破了而生气，岂不是跟养花的目的相违背了吗？"

不管你是大人物还是小人物，待人都要一团和气，不要因为一点儿小事就火冒三丈。当你工作不顺心的时候，请不要抱怨和迁怒他人，为何不先检讨一下自己？问问自己是否没有尽心去做，是否还能做得更出色一些？如果问心无愧，又何必自寻苦恼呢？只要我们养成乐观豁达的性格，以亲切和善的容颜待人接物，让自己的和气感染更多人，让与你接触的人们都感到快乐，就不愁没有好人缘。如果做到这一点，那么你迟早会获得成功！

当你在事业上如鱼得水的时候，要防止内心膨胀，应低调谦和、慎终如始，兢兢业业地做好自己的本职工作，待人接物都让人如沐春风。唯有如此，你才有可能取得更大的成就。

那么，亲和力是天生的吗？你看，有些人并不需要刻意做些什么，只需要轻轻笑一下，就能让众人为他倾倒。而有些人一开口说话，原本热闹的氛围立刻就冷场了，堪称灭火器。这是怎么回事呢？的确，亲和力有天生的成分，有些人的相貌和性格本身就带着亲和力，富有天然的感染力，而有些人则让人望而生畏、退避三舍。尽管如此，我们仍然可以通过后天的方式来提升自己的亲和力。具体方法如下——

一、面带和气，笑口常开。我们看看《红楼梦》中是如何描写王熙凤的，就知道一个人展示亲和力的时候什么样了。书中有句诗写道："粉面含春威不露，丹唇未启笑先闻。"意思就是说，粉白的脸上带着春天的和气，威严收敛着不直接显露。嘴唇还没开启，但笑声已经传到别人的耳边。脸上带着和气，笑声不断，跟这样的人沟通交流，简直是一种享受。

二、口有赞美，手有礼物。人人都喜欢听赞美的话，所以你跟别人交谈时要多说赞美之词，让赞美成为一种习惯。即使别人有什么不对的地方，也要尽可能委婉地劝说。而且你要经常给别人赠送一些小礼物，让别人感到你对他的重视。这样一来，对方就会对你日渐喜欢，看到你就会感到亲切。

三、适当示弱，更接地气。如果你把自己包装得像高高在上的神，那么别人或许会觉得你威严，或许会对你敬畏，但很难觉得你有亲和力。如果你能适当地示弱，显露一些无关紧要的缺点，反而会让对方觉得你是一个真实的人，一个有人情味的人。

天地有和气，心中有喜神，无论走到哪里，都会把春风带到哪里。如果你整天板着面孔,冷若冰霜,那么别人必将对你避而远之。如果你戴着面具生活,整天都是虚情假意的表演,那么别人必将对你敷衍和应付。如果你想与对方建立心与心互动互通的关系,那么就请拿出你的亲和力,善待身边的每一个人,让这个世界变得更加和谐和美好。

圆融和执拗,哪种性格福运长

原文

建功立业者,多圆融之士;偾(fèn)事失机者,必执拗(niù)之人。

译文

自古以来,能够建立宏大功业的人,大多处世圆融且随机应变;而那些容易失败、抓不住机会的人,性格必定固执倔强,不懂得灵活变通。

俗话说,性格决定命运。人的命运,就是因为自己的倾向、性格和爱好,一路走出来的。自古以来,那些能干一番大事业的人,在为人处世方面大都圆融灵活、随机应变。而失败者,大部分人都是不懂变通,性情固执且不通常理。就这样,他们孤傲无比,自绝于人。

比如东汉末年的孔融,他的死,与他的性格有很大关系。孔融的性格是什么样的呢?首先,他出身名门,是孔子的二十世孙,所以他性格孤傲,从骨子里瞧不起曹操。其次,他是汉末知识分子的政治领袖,从不溜须拍马,靠个人能力当上了北海太守。因此,他喜欢特立独行和标新立异,事事都想出风头,从不知道收敛,固执得像一块石头。

孔融很有才华,像大家熟知的让梨的故事,都被编进了《三字经》。《三字经》中说:"融四岁,能让梨,弟于长,宜先知。"朗朗上口,妇孺皆知。

十岁时,他跟随父亲进京。当时的河南尹(河南最高行政长官)李膺,虽然身为名士,却不愿随意会见客人,非当代名士或亲戚就不见。孔融很想拜见他,就上门对李膺的家人通报说:"我是李大人世交的子弟。"

李膺见到孔融,问他:"我家和你家认识吗?"孔融回答说:"我的老祖宗孔子曾向您的老祖宗老子问礼,老子姓李,他们身为师友,所以我们可是累世的交情啊!"在座的人都很惊讶,也很佩服。

然而,这种过于张扬和骄傲的作风,为孔融日后的为人处世埋下了"祸根"。显然,孔融是不理会"圆融顺通,执拗失机"这种理念的,他认定的道理就是"我想干什么就干什么,想说什么就说什么"。曹操的所作所为,他处处看不顺眼。曹操讨伐袁绍,他反对。曹操颁布重要的政策方针,他也公开"唱反调"。他的一系列行为,为自己挖好了坟墓。

曹操挟天子令诸侯,汉献帝是他手里的傀儡。大多数大臣都不敢与汉献帝接触,而孔融却偏偏不管不顾,他与被监视的汉献帝交往密切,经常写文章给汉献帝,也不知写的什么,很让曹操烦心。

有一次,他还煽动个性张狂的名士祢衡在大庭广众之下辱骂曹操,让曹操下不了台。曹操禁酒,他也不同意,故意讽刺说:"尧因为喝酒,才成为圣贤;桀纣虽然以色亡国,但也不能为了防范,不让男女通婚呀!"

又有一次,曹操想杀杨彪,孔融听说后,连朝服都没来得及穿,就去见曹操,警告道:"你要杀了杨彪,我孔融作为堂堂鲁国男子,明天就撩起衣服回家,再也不做官了!"这看似在劝曹操,其实在要挟。曹操一次次都忍了。

后来,曹操攻破邺城,将袁绍次子袁熙的夫人甄氏送给曹丕。孔融给曹操写信说:"武王伐纣,以妲己赐周公。"曹操很纳闷,我怎么没听过这个典故呢?于是请教孔融。孔融说:"以今度之,想当然耳。"意思就是,按照今天你的所作所为来揣度,我想这种事情当然会有的。可以看出他不是在表达意见,而是在冷嘲热讽。

孔融执拗任性,言谈举止不藏锋芒,给人不留余地,给自己也不留余地。当然,如果他和普通朋友这样,人家顶多不跟他来往,但与曹操这样,就引来杀身之祸了。所谓"谨言慎行,君子之道",孔融瞧不起这样的人情世故。而且,他错误地认为,凭借自己的学术地位和名气,曹操肯定不敢对自己怎么样。在与曹操的交锋中,他一再放任自己的个性,终于让还算有些雅量的曹操忍无可忍动了手,最终丢了性命。

对于灾祸的到来,孔融年仅7岁的女儿和9岁的儿子早有准备。当军吏逮捕两个孩子时,他俩正在别人家里下棋,听到消息后面无惧色,冷静地说了一句:"覆巢之下,焉有完卵?"意思就是,倾覆的鸟巢之下,哪里会有完整的鸟蛋保存呢?

为人谦虚,则有谦让的雅量,宽容的胸襟;为人圆融,则能左右逢源,团结一切可以团结的力量,联合多数对付少数,故而少有人做对,行事自然游刃有余。为人圆融者,精于灵活变通,从善如流,能够听取他人建议,结合自身的特点,扬长避短,所以常常足智多谋,出奇制胜。为人执拗者,遇事不知机变,死抱一棵树不放,孤芳自赏,平白坐失良机。所以,还是《菜根谭》说得好:"执拗者福轻,而圆融之人,其禄必厚。"

不过,我们也要警惕,过于圆融的人,一不小心就变成圆滑了,这样的人就成了人们口中的"老油条"。那么,我们应该怎么办呢?我们可以学学庄子的智慧。

庄子在山中见大树枝繁叶茂,伐木者却不砍伐。问其原因,伐木者说:"这棵树没有什么用处。"庄子于是对弟子说:"此木因为没成栋梁所以得以保全天年。"庄子在他相识的一个老朋友家里做客。主人非常高兴,令仆人杀雁款待。仆人问:"有两只雁,一只会叫,一只不会叫,要杀哪只?"主人说:"就杀那只不会叫的吧!"弟子又请教庄子说:"先生说过,山中木以不成栋梁得终其天年,那只雁因不成材而被杀掉。先生认为到底哪个才是我们应该效仿的呢?"庄子说:"我将处于材与不材间。"

由此可见,一个人太执拗,肯定不行;但一个人太圆通了,乃至于变成滑头一个,这同样是下下之策。庄子的意思就是,做人当可行可不行,可圆通,亦可固执,关键看我们如何取舍,一切都在灵活变化之中。这才是圆通做人的真谛。

六根清净的要诀

原文

耳根如风谷传声,过而不留,则是非俱谢;心境如月池浸色,空而不著,则物我两忘。

译文

耳根如大风吹过山谷,一阵呼啸之后什么声音也没留下,这样所有是非流言都会像残花凋谢;心境像月光浸在水池中一样,水月纠缠,但又空明不染,水仍是水,月仍是月。如果我们能抵达这种境界,内心就会一片空明而无物我之分。

在现实生活中,每当我们听到周围的闲言碎语时,就会感觉不舒服。如果针对的是自己,那就更加烦恼,甚至怒不可遏,急欲与人理论争吵。可是,理论争吵结束以后呢?岂不是更加烦上加烦?胸中闷气无处发泄,最终受到伤害的还是自己的身心健康。心情不愉快,看什么都不顺眼,呈现在脸上就是怨气冲天。没人愿意跟一个怨气冲天的人打交道,于是你的人际关系越搞越差,使得自己气闷。

正如《菜根谭》中说:"耳根如风谷传声,过而不留,则是非俱谢。"只要自己无愧于心,又何必在乎别人的非议呢?对于他人的无端指责,我们无须多所争辩,大风吹过山谷,但什么都没有留下。我们如果能以这样的心态去面对人情世故,就会免受许多烦恼。一个人能做到超脱万物,对什么事情都平淡地去看待,那么他就会感到轻松快乐!

远古的尧、舜时代,许由是一个德高望重的贤人。尧在退位的时候,听说了许由的贤德,想要将帝位禅让给他。不料许由听说这个消息以后,不仅不同意,反而跑到颍川水边,以清水洗耳,随即隐遁山林。

许由觉得听到了侮辱自己耳朵的言语,心里觉得烦恼,所以赶紧去洗耳,表示这些话他没有听到。我们从中自然可以看出他高洁的操守,但真有必要这么做吗?一个人如果内心澄清,不受外物的丝毫熏染,又何必对这样一件小事耿耿于怀呢?

如果你想摆脱烦恼,保持内心那份澄清,就应该将不想听到的、不该听到的事情尽快忘却。智者倡导"六根清净",所谓"六根"指的是眼、耳、鼻、舌、身、意六种感官,通过严格要求自己,不受外界干扰和诱惑,从而达到"空而不著,物我两忘"的境界。

一个人如果能够抵御外界干扰,就已经可称为明智之人。人人都渴望做一个明智的人,可明智并不容易做到。《道德经》中说:"知人者智,自知者明。"通过这八个字,我们可以得知,人生有三大明智之处:第一是先见之明;第二是自知之明;第三是知人之明。其中,只有做到了自知,才能做到知人,进而能够见微知著,拥有先见之明。

著名翻译家和表演艺术家英若诚,曾讲述过一件自己亲身经历的往事。小时候,他们整个家族生活在一起,每当吃饭的时候,几十口人都纷纷聚到一个餐厅里,这种情景十分壮观。有一次,他心血来潮,突然想跟家人们开个玩笑。在开饭之前,他偷偷地藏在餐厅偏僻角落的一个柜子里,期待看到大家寻不到他而惊慌失措的样子,等这个时候他再突然自个跑出来,给大家一个惊喜。他就这样躲在柜子里等啊等,谁知大家都忙着吃喝,没有任何一个人发现他失踪不见了。等大家吃饱喝足，只剩下残羹冷炙的时候，他垂头丧气地走了出来，一个人扫兴地吃着剩菜剩饭。

这件事让他深刻地认识到，一个人永远不要高看自己，不要把自己看得太重要，否则你就会失望，甚至绝望。看淡自己，从小的境界说，这叫自知之明；从大的境界说，这叫物我两忘。正如庄周梦见蝴蝶，不知蝴蝶变成了自己，还是自己变成了蝴蝶。

当我们遇到逆境的时候，只有先将心中的苦恼和沮丧排除，才可静思如何走出困境，从而发现生命的转机。行到水穷处，坐看云起时，这句诗颇富哲理。当一个人山穷水尽之际，抬眼望望天空的云起云落，必有一番迥然而异的畅怀。

战国时期的哲学家庄子，追求一种"逍遥"的人生境界。所谓逍遥，就是说自己的精神绝不会被外界所束缚，遗世独立于万物之外。可是，在当下这个时代，很少有人可以做到真正的"逍遥"。尽管如此，我们也要洒脱畅怀，不要因别人的议论而烦恼，更不要因一时的失意丧失信心，只需朝着自己想去的方向笃定前行即可。

如何才能抵达逍遥的境界呢？那就是做到"六根清净"。然而，如果一个人的六种感官全部被物欲填得满满的，又怎么能做到"六根清净"呢？关于六根清净，有这样一首富有智慧的古诗，是这样写的——

手把青秧插满田，低头便见水中天。
六根清净方为道，退步原来是向前！

这首诗是一位名叫契此的人所写，他生在唐朝末年到五代乱世期间。他喜欢挂着一根竹杖，背着一口布袋，到处云游化缘。由于他出身于农民家庭，加上身材矮小，他插秧的时候特别利索，干起活来又快又好。人们纷纷前来向他请教插秧经验,于是他随口念出这首诗。

那么插秧又快又好的秘诀何在呢?诗中给出了答案,第一是低头,第二是六根清净,第三要学会退步。仔细思考一下,这何尝只是插秧的经验之谈呢?在复杂的为人处世方面,这三点更是我们必须牢记的法宝。如果我们能够做到六根清净、心无旁骛,加上善于低头和谦让,那么人生很多难题都会迎刃而解,前方路途也会因此变得畅通无阻。

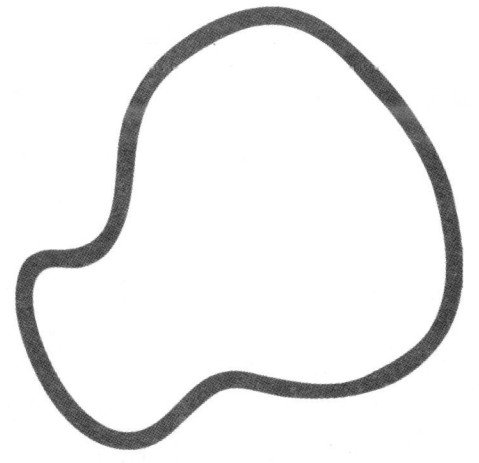

第五章

热闹中着冷眼,冷落处存热心

当人群狂欢之际,我们要保留几分清醒,而在人群冷落之际,我们又要保持一颗积极向上的热心。无论热闹和冷落,我们都要让自己不迷乱、不动心,在素简生活中实现人生价值。

忙处不乱性，死时不动心

原文

忙处不乱性，须闲处心神养得清；死时不动心，须生时事物看得破。

译文

在事务繁忙的时候，要想保持冷静的头脑不迷乱本性，我们必须在闲暇时就培养清澈通透的心神；要想在面对死亡时不产生畏惧和恐慌之心，我们就必须在活着的时候就对万事万物有所参悟，能够看破内在的规律。

一个乐观豁达的人，总是认为车到山前必有路。正所谓："山重水复疑无路，柳暗花明又一村。"然而，我们却忘记了一点，眼前出现一条路，但未必是你熟悉的路。这很可能是一条陌生的路，你根本不知道它会通向何方。而且，这条路上还会荆棘密布、泥泞不堪。甚至，这条路会把你带进死胡同，等你赫然发觉，想要返回原点时，却早已迷失了方向。

如果遇到这种情况，我们该怎么办呢？《菜根谭》中给出了解决方案——忙处不乱性，须闲处心神养得清。意思是说，如果你想忙碌时性稳如山，不急不躁，这需要你在清闲时就要保持清醒的头脑。然而，现实中的人们却适得其反，有点儿闲时间就疯狂放纵，玩得昏天黑地。等到困窘来临时，才从梦中惊醒，变得手足无措。车到山前必有路是不假，可如果根本不熟悉路况，必将变得愈加艰难。如果我们在闲时有所准备，则更易掌握主动权。

死时不动心，须生时事物看得破。一个人要想在死亡面前临危不惧，就必须要在平时参透人生。对于生死之事，很多人都有自己的感悟，可真正能大彻大悟的，又有几人呢！即使再英明睿智的人，在死亡面前也会感到彷徨和恐惧。

儒家代表人物孟子说："生于忧患，死于安乐。"的确如此，一个人如果在过于安逸的环境中成长，就会不思进取，缺乏危机意识。纵观历史，那些锦衣玉食的纨绔子弟，平时只会贪图享受，胸中毫无学问策略，更没有顽强的斗志。等到大祸临头，才猛然发觉自己遇到了麻烦。由于在安逸的环境中待得太久，精神产生了惰性，在猝不及防的危局下变得懦弱，被突如其来的灾祸压垮，导致不可挽回的人生悲剧。在逆境中生存，长期与艰难困苦为伍，会自然而然地心生抗争，从而磨炼出一种坚强的意志和坚韧不拔的毅力。有了这股昂扬的斗志支撑，就能在挫折和坎坷面前淡定从容，无所畏惧，奋然前行。

那么，我们又该如何做到"死时不动心"呢？我们该如何理解这句话呢？事实上，这是一个如何面对死亡的严肃问题。世界上的人，无论富贵贫贱，终有一天将直接面对死亡。尤其是人到中老年以后，死亡就开始像悬挂在头顶上的宝剑，随时都可能掉下来。我们如何才能面对死亡而毫不畏惧，能够坦然从容地面对呢？这就需要我们提前看破死亡的真相和本质。如果你能及早看破生死，那么一旦面对死亡，你就会以乐观的态度看待这一切。

战国时期著名的哲学家庄子，是一个超凡入圣的思想家，他看问题的眼光十分独到。关于庄子,曾经有这样一个故事——年迈衰老之际,庄子的妻子去世了。得知这个消息之后,庄子的老朋友惠施决定前去吊唁。当他走进葬礼现场,简直不敢相信自己的眼睛。原来,庄子对往来的宾客视若无睹,叉开腿坐在妻子的棺材旁,一边敲着瓦盆,一边高声唱着歌。

对于这种无礼行为,惠施实在看不下去了。他对庄子说:"你这样做实在太过分了,你媳妇与你相依为命,为你生儿育女,她最美的时光都给了你。现在她去世了,你不大哭一场就算了,竟然敲着盆唱着歌,岂不是太没良心了吗?"闻听此言,庄子为自己辩解说:"人的生命本来就是阴阳二气结合而成,她经历过生老病死,犹如春夏秋冬四季交替,她现在又回到自己本来的面目了。她从家中简陋的房子里回到天地这间大房子里,我不该悲伤,而应该为此感到庆幸。"

庄子是个超脱的人,能够看穿生死的本质,从此不再为此纠结和伤心。这是一种大智慧。正如有人说,生命的最高境界,是哭着降生,笑着谢幕。有千帆过尽的从容,有生死看破的洒脱,有本来无一物的淡然。如果死亡现在降临在你的身边,你会像庄子这样乐观吗?

后来庄子病危,到了奄奄一息的地步,仍然坦然地看待自己的生死。在最后的时刻,庄子听到弟子们准备厚葬自己,便对弟子们说:"你们不要为我担心,更不要为我厚葬。因为我现在很快乐,我以天地为棺,日月为连璧,星辰为珠玑,万物为陪葬。难道这样还不够丰厚吗?"听到老师这么说,弟子们都流下眼泪,说:"老师,我们实在不忍心老鹰和乌鸦吃掉你的身体啊!"庄子淡然一笑道:"你们不让天上的老鹰吃我,而宁肯把我埋葬,让地下的蝼蚁吃,为什么要如此偏心呢!"说完这句话,他就离开人世了。

面对死亡,身心镇定自若,丝毫没有受到影响,这是一种大勇。看破了生死,你才能轻装上阵,不再痛苦和哀伤,而是以积极的心态笑看风云。我们只有看破生死,才能超越生死,这样一来,剩下的每一天都是余生,我们要把生命中的每一天都当作最后一天来过。要知道，人生无常，唯有看破生死，才能超越自己这具庸俗的肉身，以及超越这个平凡的世界。

闲时不迷乱，忙时不冲动

原文

无事时心易昏冥，宜寂寂而照以惺惺；有事时心易奔逸，宜惺惺而主以寂寂。

译文

平时闲居无事时，我们的心最容易陷入昏昧状态，这时应当在寂静中觉悟，让自己充满警觉的敏锐；在遇到事情的时候，我们的心最容易冲动和忙乱，此时我们应当用寂静清冷的理性来约束狂乱的思绪。

在日常生活中，我们一定要明白两个很普遍的道理：一个是不要让自己太闲，因为一旦闲下来，人的心就会迷失，不知道该干什么，自我定位出现问题。另一个就是控制自己的忙碌程度，别做工作狂。如果总是不停地工作，我们的情绪就会容易失控，感情就会冲动，这时就容易做错事。要解决这两种情况，我们需要冷静，唤醒内心平静的力量。

杂念正是我们烦恼的根源。《菜根谭》说得好："人生太闲，则别念窃生；太忙，则真性不现。故士君子不可不抱身心之忧，亦不可不耽风月之趣。"太闲和太忙，都会产生大量的杂念，污染我们的心灵。如果你每天都沉浸在这种烦恼空虚中无法自拔，身体和精神就会出现问题。所以，要想除去烦恼，开悟智慧，就需要排除杂念。

我们每天忙个不停，就像一头驴子，整天围绕着木桩在疯狂转圈。如果陷入这样的状态，怎么会有思考的时间呢？对于自己的工作节奏，我们应该恰当地安排，要明白什么时候该忘情地工作，什么时候又应当充分地利用休息时间调养身心。

苹果教父乔布斯，崇尚跳出忙碌的生活去审视自己的内心。他曾经说过这样一句名言："我愿意把我所有的科技，去换取和苏格拉底相处的一个下午。"在他看来，工作虽然重要，但如果能够与伟大的哲学家苏格拉底相处片刻，享受思想的愉悦，体验内心的平静，这将是更有意义的一件事情。

太忙不行，太闲也不行。俗话说："地闲生杂草，人闲生是非。"如果一个人整天无所事事，心灵太空闲了，就会惹是生非，把鸡毛蒜皮当成天大的事情。一个内心杂念像杂草一样丛生的人，又如何能够做成一番事业呢？有两种生活方式很容易让人颓废，一种是一直闲着没事做，一种是忙到没时间思考和成长。怎么办？解决之道就藏在八个字里，这八个字就是教育家黄炎培所说的"事繁勿慌，事闲勿荒"。所以，忙碌时，我们不妨让自己当一个旁观者，跳出迷局，不要慌张冲动，而是冷静自查。在闲下来时，不妨给自己找点事干，别让心田荒芜，不要让心灵出现空窗期。

清代名臣曾国藩曾在翰林院任职，当时生活悠闲无比，整天没有事情做，他渐渐觉得不对劲了，认为再这样下去，自己必将颓废。怎么办？他跟自己约法三章：第一，利用闲暇时间寻师访友。在这段时间里，他结交到一大帮志同道合的朋友，让自己在学问和思想上得到很大的提高。第二，制定读书计划。他给自己规定，每天必须读多少页书，以及每天必须完成"日课十二条"，否则决不上床休息。第三，坚持为家人写家书。他用正楷一笔一画写家书，向家人汇报自己的所思所想，叮嘱家人在家风教育方面上的各种事宜。他所写下的家书成为后世经典，影响了一代又一代人。

不要认为闲暇之际，正是疯狂玩乐的时间，事实上，业余时间才真正决定你的未来。爱因斯坦说："人的差异在于业余时间，业余时间生产着人才，也生产着懒汉、酒鬼、牌迷、赌徒。"如果你在闲时迷乱了自己的方向，荒废了自己的生命，那么你迎来的必将是一个失败的人生。同样是面对闲暇，有人在狂欢放纵，在迷失的路上越走越远，从而越闲越废，越闲越累。而真正厉害的人则把闲暇时间当作成长的契机，趁着这段时间充电学习，追求自己的人生理想，在默默无闻中悄悄拔尖，积蓄冲天一飞的力量。

《菜根谭》中说："天地寂然不动，而气机无息稍停；日月昼夜奔驰，而贞明万古不易。故君子闲时要有吃紧的心思，忙处要有悠闲的趣味。"意思就是，天地看上去寂静不动，其实天地之间的气流无时无刻不在运转，一刻不曾停止；太阳月亮昼夜运行，而它们的光明却万古不变。所以君子应该效法天地的智慧，在清闲时要有吃紧的心思，在忙碌时则要有悠闲的情调和心态，让自己保持清醒头脑，体味人生乐趣。

这是一个很简单的道理，人人都能明白，然而却很少有人能够做到。现代生活的节奏太快，大多数人都理不清思绪，也难以在繁冗的数据中找到对自己真正有用的信息。我们迷失在汪洋大海之中，抵达不了智慧的彼岸。世人要么无所事事、无聊透顶，要么日夜不休、身心俱疲。要想摆脱这种状态，我们就得及时调整自己，在忙闲之间寻回生命的真意。

总之，生活是一门艺术，关键是掌握平衡。现代文学家老舍先生说过一句话："生命是一种律动，需有光有影，有左有右，有晴有雨，滋味就含在这变而不猛的曲折里。"光与影、左与右、晴与雨，以及忙与闲，每一处微妙的变化，都需要我们亲自体会其中的美好。

如何看待"隐逸山林"这件事儿

原文

美山林之乐者,未必真得山林之趣;厌名利之谈者,未必尽忘名利之情。

译文

羡慕山林生活快乐的人,不一定能真正领悟到山林之间的乐趣;那些嘴上高谈自己厌恶名利的人,心中未必真将名利完全忘掉。

人的天性大都如此,放不下生死和名利。《菜根谭》中说:"厌名利之谈者,未必尽忘名利之情。"有些人张口闭口就是厌恶名利,更听不得别人谈论名利,认为太俗太功利,但内心里却未必真正忘却名利,可能正是些利欲熏心的人。这样的人说是一个样,做又是另一个样,虽然表面上看似很高尚,但实际上内心却很平庸鄙俗。

《庄子·秋水篇》中有一则故事:楚王听说了庄子的才学和智慧,于是派了两位大臣到庄子垂钓的濮水之滨,向他表达自己想拜他为相的请求。庄子放下鱼竿,头也不回地说:"我听说在你们楚国,有一只三千年的神龟,楚王非常喜欢它,对它简直好到了极点,把它弄死之后,用贵重的竹箱装着它,用华丽的巾饰盖着它,虔诚地珍藏在宗庙里。现在,这只神龟是宁愿死掉留下尸体高居庙堂显示尊贵呢，还是宁愿活着在泥水里拖着尾巴打滚呢？"两位大臣笑着说："它当然宁愿活着，在泥水里打滚呀！"于是庄子说："我跟这只神龟的想法一样，更愿意拖着尾巴在泥水里打滚。你们走吧！"

庄子是真正摒弃名利的高尚隐士，看到了名利背后的束缚和危险。庄子之外，陶渊明亦然，他们都能真正忘却功利之心，亦可真正领略到到天地自然之乐！

然而，历史上这样真性情的人并不多见，有很多所谓的隐逸之士，无非是借助隐遁山林的途径，提高自己的知名度，从而引起在位者的重视和起用。看似清流名士，实则是为自己积累政治资本，作为日后的进身之阶。

那么，今天的我们，又该如何看待"隐逸山林"这个话题呢？

首先，物质决定精神，我们应当立足实际，通过自身的不懈努力为"隐逸山林"打下坚实的物质基础。我们应当坦然应对。为了获取美好生活的资本，我们奔波忙碌，凭借勤奋和努力拼搏，用自己的双手创造财富，这并没有错。也只有做到了物质上生活无忧，你才有畅游名山大川的资本。

有一位"道德家"由于"淡泊名利"，被授予终身成就奖的荣誉。

在他走下演讲台的时候，有记者向他提问："你对此事，有什么感想吗？"

"道德家"兴奋地说："我感到十分地激动，我的职称马上就会得到解决，我退休的工资也会涨一些，而且领导承诺过我，会尽量安排我儿子的工作问题。领导还委派我参加'淡泊名利'的交流团，到处去游山玩水，食宿都是报销的……"

记者大感不解地问："您说的这些，似乎跟你的淡泊名利很不符合啊。"

"道德家"一听脸都绿了，气愤地说："你听见我说'名利'两个字了吗？"

为名利去奋斗并不可耻，可耻的是打着鄙视名利的幌子去获取名利，这就是人格的卑劣,刻意的欺骗。为名利奋斗,这是人生常态,我们要用平常心看待。要知道,我们皆非圣贤,都要为衣食住行而忙碌,进而实现自己的人生价值。但如果你一边标榜自己淡泊名利,一边为了蝇头小利而斤斤计较,难免给人落得个虚伪、假崇高的口实。

现实社会里有一种偏见,认为富有与高尚是对立矛盾的,其实两者并不冲突,富有并不影响高尚,富有也可以更好地体现高尚。对于心怀理想的人来说,富有只是手段,改善社会才是目的。因为有了足够的能力,反而能够做更多的善事!否则只能望洋兴叹,心有余而力不足。当你有了物质基础,才不会被衣食住行的烦恼所困,才会真正体味山林之美,而且你才能有余力去帮助他人,这样一来,你会更加理解淡泊名利的真意。

在衣食无忧的前提下,你才可以更好地观察世界、思考人生,从而实现自己的价值。拥有名利而淡泊名利,超脱烦恼,造福人世,做真正的自己,这才是理想人生的目标。在豆豆所著小说《遥远的救世主》(电视剧《天道》原著)中,主人公丁元英写过这样一首《自嘲》诗,值得我们为之深思。具体内容如下——

本是后山人,偶做前堂客。
醉舞经阁半卷书,坐井说天阔。
大志戏功名,海斗量福祸。
论到囊中羞涩时,怒指乾坤错。

意思是说,我本是居住在后山的平常人,孤陋寡闻,没见过什么世面,没有什么学识;只是偶然的机会,让自己站到了前堂大厅,做了尊贵的客人。酒醉之后,在藏经阁里看了半卷书,就敢坐井观天跟人谈论天的广阔,说了如此大话,也不怕被人耻笑。我的志向很大,像那些功名利禄之类的俗事我一概瞧不上,我的胸怀似海,福祸得失从不放在心上。然而,一旦等到囊中羞涩没有钱的时候，我就气急败坏地指着天地大骂："这个世道错了！"

在诗中，一个活脱脱的"假隐士"形象脱颖而出。一个居住在后山的隐士，跟人谈经论道，谈天说地，天文地理、诗词歌赋，无所不知无所不晓。学识是个半吊子，爱吹牛说大话，还口口声声瞧不起功名利禄，假装是个心胸豁达之人。然而，等到他吃饭都成问题的时候，马上就翻脸大骂老天爷，虚伪本质彻底暴露出来了。如果将此诗作为自嘲无可厚非，但如果做一个像这首诗中所描述的人，则必将沦为世人的笑柄。

要知道，一个人并非躲进山林就是隐士了，并不是口里厌恶名利就是高尚之人了。在现实生活中，躲进山林的可能是假隐士，口口声声厌恶名利的人可能是贪婪的伪君子。

在陕西秦岭山脉的中段，有一座在历史上赫赫有名的山，它就是终南山。历朝历代，很多隐士都喜欢到这里隐居，很多长生不老的神仙故事都原产此地。有个叫比尔·波特的美国人在《空谷幽兰》一书中如此描写终南山隐士——

在云中，在松下，在尘嚣外，靠着月光、芋头和大麻过活。除了山之外，他们所需不多。一些泥土，几把茅草，一块瓜田，数株茶树，一篱菊花，风雨晦暝之时的片刻小憩。

许多现代人对终南山怀着美好的向往，纷纷来到这里隐居。他们有的恋情受挫，有的创业失败，也有与家人反目成仇的，更多人是受不了都市生活的竞争压力，迷失了生命的方向，找不到生命的价值和意义，于是来到这里寻找理想的人生。他们将终南山看作自己人生的归宿，希望在山林中寻求心灵的休憩和精神的解脱。由于来的人越来越多，终南山原本无人居住的农家房的租金凶猛上涨。附近的村民靠新生的"隐士产业"赚了不少钱。有不少人为了节省房租，干脆住进山洞里，一顿饭只吃一些野菜。就这样身体慢慢垮下来,甚至悄无声息地病死在山洞里。到了冬天,日子更是难挨,大多数人无法忍受寒冷,在大雪来临之前纷纷逃走,留下一片白茫茫大地真干净。一场大雪,把这些隐士打回原形。

由此可见,山林并非真正的隐逸之地。真正的隐逸之地永远在你的内心深处。如果你把自己的内心修炼得无坚不摧,那么即使置身闹市街头或灯红酒绿的娱乐中心,仍不失为真正的"隐士",这才是修身养性的真谛。

少就是多——素简的生活哲学

原文

钓水,逸事也,尚持生杀之柄;弈棋,清戏也,且动战争之心。可见喜事不如省事之为适,多能不如无能之全真。

译文

垂钓,本是一件隐逸的活动,然而在这活动中,我们却手握鱼的生杀大权;下棋,本是一种清雅的娱乐,但在这娱乐中,却牵动着争强好胜的战斗心理。所以活在世上,就算多件喜事也不如省事那样闲适,拥有很多才能会整天忙得焦头烂额,还不如没有那么多才能的人更容易保全自我本真。

如果眼下有两种生活,一种是有一笔不小的财富,有荣显的地位,但你每天都有加不完的班,忙不完的应酬,甚至连平时陪家人的时间都没有。另一种则是有一份轻松的工作,有一个温馨和睦的家庭,虽然不是大富大贵,但足以支撑日常消费。每天下班回家,跟一家人围在饭桌旁,踏踏实实地吃顿饭。生活小富即安,悠闲安适,没有太多的烦心事劳累自己。若要你选择其中一种生活,你会怎么选择呢?

很多人会毫不犹豫地选择第一种。为什么?因为财富、地位这些外来之物,正是他们一生所渴望得到的。面对这些物欲的诱惑,很少有人能控制住内心的冲动。但大多数人不知道的是,欲望的满足并不意味着安然舒适,有些人甚至被物欲牵绊得无法抽身,不能自拔,不知不觉成为欲望的奴隶,成为追求物欲的牺牲品。正所谓:"有人辞官归故里,有人星夜赶科场。"有些人辞去官职,情愿回到故乡老家过简单的生活,而有些人却日夜兼程去参加科举考试,妄图博取功名利禄。只有经历过才懂得,自己真正想要的是什么。

中国历史上有不计其数的人,为了追求和满足自己的欲望而殉身。即使他们的地位已经位极人臣,可仍然欲壑难填,最终落得个悲惨的结局。有这样一个寓言故事,为我们揭秘了其中的答案——

曾经有位国王,他遇到一名乞丐,说自己可以帮乞丐实现一个愿望。

乞丐的愿望非常简单,他说:"你只需要用东西把我手中这个碗装满就行。"国王一听就笑了,因为这个愿望太容易实现了。

国王让手下大臣拿些钱放进碗里。谁知不可思议的事情发生了,碗里的钱不见了。大家都感到特别奇怪。国王再次命令大臣把钱扔进碗里,钱再次消失了。碗里空空如也。

当时很多人围观这一幕,这让国王恼羞成怒,在公众面前出丑让他难以忍受。他说:"我要把更多的东西放进去!哪怕失去王位,我也不在乎!决不能让一个乞丐看我的笑话!"接下来,他将皇宫及大臣们的金银、钻石、珍珠、翡翠等大量财宝倒进这只碗里,谁知这些财宝全都不见了。这只碗仿佛一头贪吃的巨兽,永远填不满。

无可奈何之下，国王只好承认自己的失败。他问乞丐："这到底是个什么样的碗？其中到底有什么秘密？"乞丐说："根本没有什么秘密，因为它就是人心！"

人生就是这样，没有欲望固然不对，但欲望太多则会带来烦恼。多事不如少事，少事不如无事，无为则无不为。这是一种深刻的人生哲学。如果悟透了这一智慧，你将无往而不胜。然而，要想做到少事和无事，并不容易，因为人性是复杂的，很多看似简单的事情也会变得复杂。比如，坐溪垂钓本是件风雅之事，可当鱼上钩，难免沾染血腥。与人弈棋，在尔进我退的杀伐之中，人自然而然心生争斗之心。相较而言，不如少事无事来得休闲自在。

真正活得通透的人，都懂得摒弃表象的浮华，不慌不忙，活出内心的素与简。我们不管处于何种环境之下，都不可本末倒置，为了一点蝇头微利，而丧失自己的本真。当身处逆境之时，不要气馁，要有奋斗抗争下去的勇气；当一帆风顺之时，也不该被外物迷惑，使自己落入不能自拔的深渊之中。

关于这种素简的生活哲学，《道德经》中说："少则得，多则惑。"也就是说，少就是多。正如国画中的留白，寥寥数笔，但境界全出，如果画得满满的，则满纸恶俗。少就是多，建筑大师路德维希·密斯·凡·德·罗对此极其推崇，他提出"Less is more"（少就是多）的建筑学理论，认为完美的建筑应该走极简主义风格，代替繁复奢华，尽可能地减掉多余累赘的元素。他的这一观点与古老的东方哲学一脉相承。

在人文领域，有一个著名的奥卡姆剃刀定律，这个定律的本质就是"多一事不如少一事"，它是来自英格兰奥卡姆的逻辑学家威廉提出的，具体说法是："如无必要，勿增实体。"他进一步补充说："切勿浪费较多东西去做，用较少的东西，同样可以做好的事情。"总之，你就好像手里拿着一把锋利无情的剃刀，将那些多余累赘之物，全部割舍，保持简单。这个剃刀理论如今被广泛应用在管理领域，如果机构臃肿庞大，必定效率低下，怎么办？请用这把无情的剃刀将多余的环节割除，保持快捷简单高效的管理模式。在文学创作领域，这一理论同样适用。复杂烦琐的文辞是不必要的，创作的文本越简洁明快越好，好的文本能一语道破天机，直抵问题的本质。

　　现象是复杂的，本质是简单的。少就是多的素简哲学，是一种契合人类生活本质的智慧。正如爱因斯坦所说："如果不能改变旧有的思维方式，你就不能改变自己当前的生活状况。""万事万物都应尽可能简单，但不能更简单。"我们只有用无情的剃刀将陈旧多余的思维剔除，才能看到简单的本质，正如水落石出一样。当你按照素简的哲学生活和工作，你将发现自己的初心，发现这个世界的美好。

不要在困境中自暴自弃

原文

贫家净扫地,贫女净梳头。景色虽不艳丽,气度自是风雅。士君子当穷愁寥落,奈何辄自废弛哉!

译文

一个贫穷的家庭,经常把地打扫得干干净净;一个贫穷人家的女子,经常把头梳得干干净净。虽然陈设和穿戴不够豪华艳丽,却能保持一种朴素优雅的风范。一个有才有德的君子,即使时运不佳,处于寂寞不得志时,为何就要萎靡不振、自暴自弃呢?!

在这个世界上,飞黄腾达的人总是少数,大多数都是普通人和时运不济的人。当面临穷困时,我们千万不要整天郁闷愁苦,甚至自暴自弃。因为对于一个人来说,最重要的不是富贵或贫穷,而是在时运未到之前,有没有高尚的品德和才能,能不能耐得住寂寞,能否在困境中自立自强,不失自己的风度,并能保持良好心态,直至风云际会的那一天。

春秋时代的孔子,喜欢带着弟子周游列国。有一次,他走到陈国(今河南省周口市淮阳区),遭逢连绵阴雨,路途泥泞,而且断了粮。跟随他的弟子,不少人都饿病了。子路愤愤不平,怨天尤人,责怪上天不地道、路人不仗义。孔子却以"君子固穷"（君子在穷困中能够淡定自若）的态度泰然处之，丝毫没有抱怨。不仅于此，他还在泥泞中弹琴高歌。

那么，孔子难道是一个鄙视富贵的清高之人吗？并非如此，他本身毫不掩饰自己对富贵的向往和追求。他曾说："富而可求也，虽执鞭之士，吾亦为之。"意思就是，如果富贵可以追求得到，即使是低贱的下等职业，我也愿意去做。虽然他向往富贵，但他却有自己的原则，他又说："不义而富且贵，于我如浮云。"富贵要有道义才行，不能发不义之财，不讲仁义得来的富贵就像天上的浮云一样，那样还不如固守贫穷的好。无论多么困窘，我们都不可失去乐观的心态和风雅的举止，否则就和地痞流氓、强盗罪犯没什么实质区别了。

贫穷并不可耻，只有自暴自弃，丧失理想和斗志，才是最为可耻的。所以，《菜根谭》在这里告诉我们，即使家贫也不要忘记扫地，即使身为贫女也别忘了梳头，即使深陷困境，也不要自暴自弃、自甘堕落，要相信奋斗的力量，总有一天可以出头，正所谓"我今垂翅附冥鸿，他日不羞蛇作龙"。

元末明初文学家宋濂，曾被朱元璋誉为"开国文臣之首"。他从小就喜欢读书，可家里很穷，根本没钱来买书。不过这难不倒宋濂，因为他可以到有书的人家里去借。由于借来的书必须按时归还，他就誊抄下来，然后再还回去。冬天十分寒冷，墨汁结冰了，他的手被冻得几乎握不住笔。尽管如此，他还是坚持抄写，不肯浪费一点儿时间。抄写完毕，他飞跑着把书还给别人。由于有借有还，说话算数，别人都愿意把书借给他。通过这种方式，他的知识和学问与日俱增，超过了很多富人家的孩子，因为那些孩子根本吃不了他读书的苦。

随着年龄的增长，宋濂需要名师指导。为了拜访老师，他翻山越岭走了上百里，迎着大风，冒着大雪，积雪甚至有几尺厚。他的脚被冻裂一道道口子，可他毫不在乎，一直赶到老师家中，此时他的四肢已经被冻得麻木。老师看到他冻成这样，赶快端来热水为他暖身，又让他盖上厚厚的被子，血液好长时间才得以流通。那个时候，跟他一起学习的学生，大都穿着绫罗绸缎，戴着镶嵌珍珠的帽子，腰里系着白玉腰带，佩着宝刀和香囊，看着就像光彩照人的神人一样。在这群学生之中，唯有宋濂穿着破破烂烂。然而宋濂却从没抱怨过，更没羡慕过他们，而是沉醉在知识的海洋和智慧的盛宴里，他从阅读和学习中获得了莫大的乐趣。就这样，他成为一名博古通今的渊博学者、思想家。

朱元璋登基当皇帝之后，宋濂是重要的文人谋士，全国很多重要的政令文章都出自他手。他还负责编撰二十四史中的《元史》，同时还创作了《宋学士集》七十五卷。他求学如饥似渴的精神，在困境中不甘示弱、顽强拼搏的毅力，都值得我们效法和学习。

没有人是天生的穷命，命运是由自己把握的。就算贫穷，对于我们来说，也是一种精神的能量，因为这会激发我们更高昂的斗志，让我们为了摆脱贫穷而努力。不过，我们要牢记的是，在追求美好人生的路途上，我们要采取正当的手段，而不是投机取巧、违法乱纪。我们要光明正大地奋斗，让自己富裕起来。当你在生活中遇到困境，千万不要自暴自弃，只需再努力几次，你就会迎来柳暗花明的时刻！

身陷困境时，再急也没用，时机未到，我们只能隐忍与等待。如果你看过《动物世界》，一定对狮子或老虎狩猎前的潜伏状态有所了解，它们窥伺着，耐着性子，等猎物走进自己的势力范围，心中很有把握的时候，才突然给予致命一击。

人生不是短跑，而是一场马拉松比赛。跑在第一名的，往往不是最先撞线的，那些一开始跑在后面的，往往会笑到最后。冰冻三尺非一日之寒，学习需要日积月累，成就事业也需要积累。懂得积累和潜伏，这是一种毅力，更是一种谋略，是弱小变强大的必经之路。

找到你的智慧源泉

原文

帘栊高敞,看青山绿水,吞吐云烟,识乾坤之自在;竹树扶疏,任乳燕鸣鸠,送迎时序,知物我之两忘。

译文

高高卷起竹编的窗帘,看着青山绿水烟雾迷蒙,这才认识到大自然的逍遥自在;花木茂盛、翠竹摇曳,新燕翩飞、斑鸠鸣叫,仿佛在送迎冬去春来的时令变化,这才知晓和理解物我两忘的境界。

在竞争激烈的现代社会,我们需要具备什么样的心态呢?老子在《道德经》中说:"人法地,地法天,天法道,道法自然。"概括来说,就是我们应当以自然为师,向自然学习,从而达到一种物我两忘、乾坤自在的感觉。万事万物时时变幻,很难做到尽如人意,但如果我们能够以一颗自然平和的心对待,不管看什么,都会觉得是美丽的风景;无论遇到什么事,都可以淡定从容地面对。

文学大家钱锺书对人生的态度就非常平和,他的小说《围城》发表并畅销以后,许多媒体希望能够采访他,甚至有外国学者也要慕名来中国拜访,谁知均被他一一婉拒。他的理由是:"如果你吃到一个鸡蛋,觉得好吃,你又何必去认识下蛋的母鸡呢?"

世人向来喜欢求名,可钱锺书却真正做到了低调谦虚、甘于寂寞。他喜欢潜心读书、埋头做学问,不喜欢整天拜访别人,也不喜欢别人前来拜访。对于这类事情,他通常以生病为由谢绝。信函堆积如山,他也置之不理。他的时间大都花在潜心求学问上了。他知道,这才是自己立身于世的根本。

大凡成功的牛人,都需要独处修炼的空间。是的,我们离不开人群,需要基本的应酬和交往,因为人类是社会群体动物,所以人情世故避免不了,然而我们还需要给自己留出一定的时间和空间,让自己体验乾坤之美。我们不能随波逐流,被人海淹没自己的个性,迷失了自己的方向,如果那样,可就成了无本之木、无源之水了。

对于这一点,钱锺书的夫人杨绛在散文《隐身衣》中写道:"一个人不想攀高就不怕下跌,也不用倾轧排挤,可以保其天真,成其自然,潜心一志完成自己能做的事。"此话堪称真理,一个人纵然人情世故玩得溜熟,但如果没有自己立身的根基,缺乏做事成事的技能,那么活在世上也只剩一个花架子了。自己是个半吊子,纵然你是人情世故老手,也同样无人与你交朋友。所以我们不如沉下心来,修炼自我。

如果你的面前摆着一盆混浊的水,如何才能把水变得清澈?有人想出了千奇百怪的方法,但其实最简单的方法就是,让这盆水保持静止,不要去惊扰它,就让它在时间中静下来。渐渐地,水中混浊的泥沙就会沉淀下去,水开始变得清澈见底。

静下来,水从混浊变为澄澈,我们的心同样如此,静下来才会从浮躁变为沉静。一盆水,静下来能映照世界,我们的心也是如此,静下来你才能看见自己,看见世界。

在欲望中浮躁,我们将不知不觉迷失。在沉静中潜修,我们将不知不觉拥有智慧。唐代诗人白居易诗云:"整顿衣巾拂净床,一瓶秋水一炉香。不论烦恼先须去,直到菩提亦拟忘。"生活环境保持清洁,焚香观水,心静如水,烦恼不知不觉一扫而光,智慧从心底涌现。

现在不少成功的企业家,都会在周末去郊区度假,寻一处安静的地方,看山戏水,享受自然,思考生命的意义。在激烈竞争和快节奏的都市生活中,人很容易迷失自己,忘记内在心性,模糊本来面目。在浮躁的环境中,大脑被物欲所充斥,渐渐就会做出违背内心的事情,从而与最初的理想渐行渐远。很多人在成功之后的堕落,原因就在于此。正如阿拉伯诗人纪伯伦在《先知》中所言:"我们已经走得太远,以至于忘记了为什么出发。"

如何寻回丢失已久的初心呢?我们不妨在忙碌的一周后,放下手头繁忙的工作,离开办公室,去郊外看潺潺的流水,欣赏茂盛的绿树,去触碰路边的野草野花,静听由远而近传来的清脆鸟鸣,陶醉在湖光山色之中,忘记自身的存在。总之,亲近自然,可以让你获得智慧的源泉。融入自然,活在当下,你已经开始走在抵达美好的路途上。

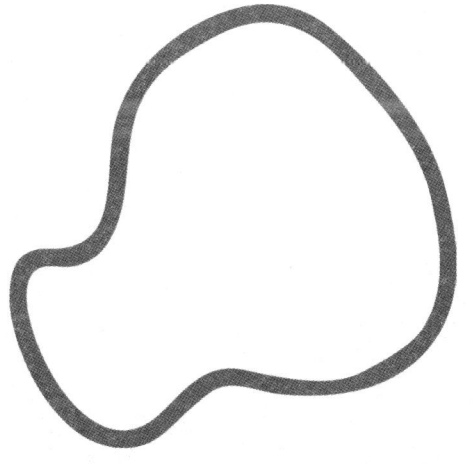

第六章

福从何来——随遇而安的人生哲学

人情世故的心法不在于尔虞我诈,而在于随遇而安。曾有这样一副对联:"为名忙,为利忙,忙里偷闲,喝杯茶去;劳心苦,劳力苦,苦中作乐,拿壶酒来。"字里行间透着生活的大智慧。人生如茶,茶如人生,人生不过一杯茶,满也好,少也好,争个什么;浓也好,淡也好,自有味道;急也好,缓也好,那又如何?暖也好,冷也好,相视一笑。

福不可求,祸不可避

原文

福不可徼,养喜神以为招福之本;祸不可避,去杀机以为远祸之方。

译文

福不可以强求,如果能培养乐观愉快的心境,倒有可能召来福气;祸不可以躲避,如果能去掉心中的杀机恶念,倒是一种可以远离祸患的方法。

所谓的福与祸,往往不是我们自己所能主宰的。《道德经》中说:"祸兮,福之所倚;福兮,祸之所伏。"福和祸是相互依存的,它们谁也离不开谁。而且,它们之间能够彼此转化,并不因我们的主观意愿发生改变。那么,对待福与祸,我们应该持怎样的态度呢?是强烈地渴求福,拼命寻求避祸之道吗?答案是否定的。正确的做法是,保持乐观的心态,控制心中的恶念和贪欲。如果做到这些,自然就能得福远祸,并且活得心安理得。

幸福不是我们想求就能求到的,否则一个人只要每天吃斋念佛,乞求幸福降临就行了,还需要出去工作吗?一味乞求幸福是弱者的行为,作为人生的强者,定当争取自己的幸福。这才是正确的求福避祸之道。

首先,我们应当明白"福"是什么,是优越的生活还是炙手可热的权势?其实幸福就在于我们的生活态度。乐观,你就是幸福的,坏运气也能变成好运气;悲观,你就是痛苦的,始终生活在"祸"的阴影中。像罗曼·罗兰所说:"一无所有的人是幸福的,因为他们将获得一切!"中国也有古语说:"有心就有福,有愿就有力;自造福田,自得福缘。"两者在意义上是相通的,就是不求拥有全部,只求心安理得,乐观对待一切。

所以,福不但是运气、财富、机遇,更是一种人生价值观。一个心态乐观、懂得知足的人,就算每天吃糠咽菜,也能感受到生活的美好;一个贪得无厌的人,就算是世界首富,也会因为自己的不满足、体验不到生命的价值而苦恼,因为他的眼睛总是盯着那些还没到手的东西,总是伸着手去搜去夺。到了这一步,这个人离自己的"祸"就不远了。身在福中不知福,一旦无常事事休,福祸难以预料,总会给人带来深刻的教训。

我有一个朋友,是超级股民。他几乎每天都把精力都放到研究股市上,什么大盘走势,潜力股,长线短线,整天做着发财梦。一有闲钱就买股票,奢望哪天变成亿万富翁。

有一次我问他:"万一不赚钱,反而变成垃圾股,你怎么办?"

他马上急了:"不许说丧气话,不许咒我!"

看来,他对"福"的渴盼,已经到了极端的地步;对于"祸"的恐惧,更让我这个旁观者都胆战心惊了。从那时起,我就很担心他,因为他太想走好运了,这会适得其反的。果不其然,不久后股市就遭遇了一场很大的冲击波,朋友买的那些股票,飞流直下三千尺,别说变成垃圾股,跌得连影子都找不到了。

出了这么大的事,我赶紧给他打电话。关机,这下不妙,急忙抽时间去了他家,只见他妻子一脸愁容呆坐在家里。一问,才知道他失踪了,不知去了哪里。我们报了警,半个月后才找到他。还好,他没有自杀,而是在山上一个人躲了十几天。找到他时,他已经骨瘦如柴,目光呆滞。

世上没人愿意灾祸降临在自己头上,但天灾人祸一旦降临,不会跟任何人打招呼,谁也无法躲避。只要自己不做恶事,没有邪念,就不用担心受到惩罚。那么,即使遭受灾祸,我们也不应气馁,只当它是命运的考验。所有的一切遭遇,都在锤炼你的能力与人格,我们又有什么好逃避的呢?要想摆脱危机,就应当坦然面对,乐观起来。

说到底,祸福难料,这个世界有无数种可能。人世变化无常,好的事情会变坏,坏的事情也会变好。如果你处在逆境之中,应该坚定地相信未来。在这个世界上,没有谁是上帝的宠儿,只要你根据自身的条件和能力来制定目标,并用平和乐观的心态有条不紊地做事,一切都将水到渠成。

那么,福祸的玄机究竟是什么呢?福真的不可求吗?在这里,我跟大家分享《了凡四训》中的一句话:"造命者天,立命者我;力行善事,广积阴德,何福不可求哉?"如何立命?努力奋斗,改变命运,积极地多做善事,通过这种方式为自己广积阴德。如果你做到这些,什么福求不来呢?

你看,这里跟《菜根谭》唱起了反调,一个说福不可求,一个说福可求,难道它们是矛盾的吗?如果你仔细分析就会发现,两者其实并无本质的区别。真正符合事实的说法应该是这样的,福不可向外求,只能通过自修的方式来感召和获取。

万事随缘,随遇而安

原文

释氏随缘,吾儒素位,四字是渡海的浮囊。盖世路茫茫,一念求全则万绪纷起,随遇而安,则无人不得矣。

译文

佛家主张顺应因缘、顺其自然,而儒家主张守住本分。"随缘素位"这四个字正是渡过人生苦海的浮囊宝船。人生之路茫茫无边,一旦产生苛求完美的想法,千头万绪就会纷扰不断,如果做到随遇而安,无论身在何处都可怡然自得。

人生在世,随性随缘,随遇而安。

随缘,不仅是佛家的主张,道家也有类似观点。《道德经》中有这样一句话,叫做"无为无不为",就是说,有些事情不需要过分作为和强求,要保持一种无欲无求、自然而然不刻意的态度。正因为没有主观地刻意强求,反而到最终什么都得到了。这个道理看似矛盾重重,很难理解,但在实际生活中却常常有效。比如,你去买一件衣服,店主越是使劲推销,追着嚷着要卖给你,你越是不敢买。越是不想卖、不刻意、不作为,你越是想买。这句话看透了天理,悟透了人情。你越是强求什么,结果往往注定是个空;一切随缘,因势利导,反而能获得大成功,人事皆顺。

在现实社会中,很多事情并不如想象的那样简单,不是你设定了一个目标,就一定能依计划一步步实现。人海庞杂,世路多歧,茫然无尽,再完美的计划,再坚强的意志,也都有解决不了的问题,铲不平的障碍。如果你执念要成全某件事,则各种欲念必定沓然而至。强行要得到某个东西,随之将产生更多的烦恼。如能随缘而作,随遇而安,顺着事物原本的逻辑自然行事,则可以减少很多不必要的烦恼。

认清自我的能力和本分,不去妄想超出自己实力、不属于自己的东西,这样你也就远离危险了,不会惹祸上身。人这一生,如同飘荡在大海上,自己虽然清楚方向,但海水会把人带往何处,实在是难以预测的。渡人生之海,风浪何时有,甚至何处有鲨鱼,都是不可判断的,谁知道明天自己会遇到什么事情呢?

从某种意义上说,无常才是这个世界的常态。既然人生是无法预料的,那么名利这些身外之物就随处可得又随时会失去。因此,我们要想活得幸福,就得懂点儿随缘和本分。随缘,就是顺从己身的因缘。外界事物,触动了身心,是谓缘。所以,顺此缘,就是随缘。本分,便是看是否符合道义。不是我的,要也无用;是我的,不伸手也会来。别人的东西不去抢,不切实际的目标不去考虑,脚踏实地,兢兢业业,才是成就一番事业的基石。

北宋文学家苏轼曾写过一首名为《定风波》的词,表达自己随遇而安的旷达态度。

莫听穿林打叶声,何妨吟啸且徐行。竹杖芒鞋轻胜马,谁怕?一蓑烟雨任平生。

料峭春风吹酒醒,微冷,山头斜照却相迎。回首向来萧瑟处,归去,也无风雨也无晴。

苏轼为什么要写这首词?对此,他写了一段说明:"三月七日,沙湖道中遇雨,雨具先去,同行皆狼狈,余独不觉。已而遂晴,故作此词。"原来他遇到雨天，连雨具都被风刮走了，同行者都狼狈不堪，而苏轼却随遇而安，享受风雨的美妙。要知道，苏轼写这首诗的时间为宋神宗元丰五年（1082）的三月七日，此时正值他因"乌台诗案"被贬到黄州的第三个春天。人生处于困境之中，换成常人，肯定抑郁苦闷、以泪洗面，可苏轼却活出了与众不同的一种境界。在风雨中，他一面吟啸徐行，一面竹杖芒鞋，胜似骑马，乐观地笑迎生活的挑战。在他看来，晴日是好的，雨天也是好的，随遇而安，人生就会变得妙趣横生，回味无穷。

顺应环境，随遇而安，听起来消极，像是主张妥协的投降派，其实不然。要知道，现实中，各人的境遇皆不相同，能力大小也不一样，每个人都应有自己的道路，不越轨，不做非分之想，只有这样，才能在艰难的人世生存下来。若是人人放弃随缘，不想守本分，不择手段，胡作非为，那这个世界才是真的乱套了。

纵观史上有德有识的君子，他们大都乐天知命，顺其自然。如果处于富贵之中，他们则行富贵之道，不骄不淫；就算居于贫贱，他们也无畏无惧，乐得自在和逍遥。就像孔子所讲，"既来之，则安之"，无论何时何地，遇到何事何人，都永远地恪守内心的原则。不强求，不消极，乐观平和，幸福潇洒，悠然自得，这才是惬意的生活之道。

我曾记得这样一副对联："为名忙，为利忙，忙里偷闲，喝杯茶去；劳心苦，劳力苦，苦中作乐，拿壶酒来。"言辞虽然简单，但字里行间透着生活的大智慧。人生如茶，茶如人生，人生不过一杯茶，满也好，少也好，争个什么；浓也好，淡也好，自有味道；急也好，缓也好，那又如何？暖也好，冷也好，相视一笑。岁月如白驹过隙，你我都是天地之间的匆匆过客，很多时候强求是没有用的，不如让我们万事随缘，让自己随遇而安。

你的福厚福薄,就看这一点

原文

天地之气,暖则生,寒则杀。故性气清冷者,受享亦凉薄;唯和气热心之人,其福亦厚,其禄亦长。

译文

天地间的气候,和暖则生机盎然,寒冷则萧条枯萎。所以性情脾气清高又冷漠的人,得到的回报也很微薄;唯有性格和气与心地热忱的人,他的福分不但丰厚,得到的回报也会长久。

俗话说,做事之前先做人。在当今社会,很多有做事能力的人,因为不能做到一团和气,广结善缘,在工作执行和前途发展中大大受阻。孤傲清高之人,即便才华横溢,也让领导如刺在喉,更让同事对他避而远之。对人和气,爱说暖心话,这就是福气的来源。

我认识一个白领,在工作中非常努力,可他有一个毛病,就是脸色阴沉,对人态度很差。跟顾客打交道的时候,也从来没有好脸色。另外,他喜欢朝下属乱发脾气。所以,同事在私下纷纷议论他,却无一人当面指责他。最终他成了孤家寡人,并因此丢了工作。

熟悉《红楼梦》的人都知道,薛宝钗一团和气,谁也不得罪,人缘很好,到处都是朋友。与之相比,林黛玉就不是一个一团和气的人。《红楼梦》中有这样一个故事：当贾府一家人在听戏的时候，史湘云心直口快，说唱戏的小旦长得跟黛玉很像，林黛玉心里很不高兴。虽然当时口里不说，但回到住处就向贾宝玉抱怨："我原是给你们取笑的——拿我比戏子！"

其实，史湘云的个性大家都了解，心直口快，毫无机心，是个憨厚可喜的姑娘，她说这句话本没有丝毫恶意，可在黛玉听来却很刺耳。可见林黛玉的个性太过刻薄，总是以一种孤傲清高的姿态待人。因而别人也都觉得她清高凉薄，使人难以接近。所以，她在贾府并不很受欢迎，心情难免抑郁，她的病想必与性格有莫大关联。

古往今来，很多怀才不遇的人大都是清高孤傲的。比如，因性格清傲、自作聪明而遭曹操杀害的杨修；伟大的浪漫主义诗人"诗仙"李白为何仕途不顺，被唐玄宗"赐金放还"？屈原为何总是被楚怀王排斥，郁郁不得志，最终自沉于汨罗江畔？人情世故是自古以来都要学习的一门课。如果你眼高于顶、目空一切，怎么会受领导待见？怎么可能受到同事喜欢？

我有个朋友的女儿，从小学习成绩好，在学校老师捧着，在家里父母宠着，一直到研究生毕业都是被各种光环笼罩着，于是养成了孤傲清高的性格，说话尖刻，处事独断，完全不顾对方感受。直到她踏入社会，才发现自己与身边环境格格不入，同事朋友莫名其妙地远离她，工作开展起来非常困难。

她感到了前所未有的迷茫，打电话向父亲哭诉。她父亲开导道："女儿，你要完全忘记自己从前是多么出类拔萃，把棱角磨平点，放下姿态，与大家和气相处。"两年后，我与她交谈时发现她温和了很多，没有了以前的尖刻，也不再对人爱理不理。而此时的她，在职场也开始顺风顺水，从普通职员晋升为公司主管了。

中国商人自古信奉和气生财。事实上，和气不仅能生财，而且能成为升职加薪的重要条件。毕竟没有哪个领导愿意看到整天板着脸的员工。如果你不善社交，从今天开始，就想办法开始改变自己吧。

清代名臣曾国藩48岁时给自己写下一副对联:"养活一团春意思,撑起两根穷骨头。"春意思是什么意思呢?一方面指要像春天一样积极向上,充满活力。另一方面则是要像春天一样一团和气,温暖和煦。和气,即亲和力,做到这些,你就处处受到欢迎。

和气不仅能够生财,而且还能生福运。如果你一团和气,生活必定不会差到哪里去。对于这一点,《菜根谭》曾一次次提醒我们。

不做老狐狸,但也别当小白兔

原文

机息时便有月到风来,不必苦海人世;心远处自无车尘马迹,何须痼(gù)疾丘山。

译文

当停息阴谋诡计的机心之后,清风明月自然就会到来,你就会有轻松舒畅之感,不必认为人间就是苦海了;当你的心在悠远之地,远远地超脱世俗,自然不会听到外面的车马喧嚣之声,何必非要眷恋山野林泉的隐居生活呢?

有时,我们把世界看得太过复杂了。我们总以为,要成功就必须有城府、有机心,然后才能应对这个世界,才可以打败别人,把名利抓在手中,才可以自保。但反过来想想,什么样的性情,选择什么样的事业,倘若你是一个崇尚自由的性情中人，何必两面三刀、口蜜腹剑呢？人活着，能够成就自己的事业，同时做到逍遥快乐、舒心如意，就已经足矣！

唐代宰相李林甫，城府极深，用心险恶狡诈，"口蜜腹剑"四个字就是说他的。唐玄宗李隆基在位的时候，想要招揽四方才能之士，而这时李林甫担任宰相，他恐怕那些有才能的人受到玄宗重用以后，对自己的相位有所威胁，因此在背地里千方百计地进行阻挠，致使全国没有一人被选中。他还假惺惺地向皇帝献媚说野无遗贤（民间没有一个贤才被遗留）。当时有一位大臣叫严挺之，这个人很有才学，治国本领远在李林甫之上，玄宗想要重用他。得知这个情况，李林甫又耍起花招来了，对玄宗说严挺之年迈体弱，又得了风疾的毛病，劝玄宗让他赋闲休养。严挺之的事业就这样被中断了。

像李林甫这样的人，对人始终怀有奸诈的机心，可是他心里真的感觉到踏实吗？他也知道自己跟很多人结下了仇怨，因此总是战战兢兢，担心会有刺客要杀他，因此府宅建造了高高的墙垣，家中还有为自己逃生准备的密道。一个人若是每天提心吊胆地过日子，相信他也不会过得舒服，心中得不到片刻的宁静。

一个人不动机心，就不会有太多烦恼。烦恼大都来自欲望，得不到或不知足，才会心意难平，才会觉得世界不公，才会有忧虑。人生种种浮躁，阴谋机心，都是由此而来。真正高明的人能够洞察这一切，但却不屑于使用，这是真正有水平、有大智慧的人。

北宋的吕端是一位很有才能的大臣。宋太宗想任命他为宰相，反对派认为吕端是个糊涂人，不可担任如此重要的职位，太宗却说吕端这个人，在小事上糊涂，但在大事上精明得很。因此不顾很多大臣们的反对，决然地任他为相。他和当时的名臣寇准都担任参知政事的职位，而且他的排名在寇准前面，因此主动上书太宗皇帝将自己的排名列在寇准之下。不久以后,他升到了宰辅之位,恐怕寇准心中愤愤不平,于是又请求太宗让参知政事和宰相轮流执勤,一起在政事堂共事。皇帝对他如此信任和重用,他依然兢兢业业,毫无半点儿机心。

小事不计较,大事不糊涂,这是一种做人做事的哲学。保持内心的天真,但绝不是单纯的小白兔。我们要认识到,一个人生活在复杂的世界,完全天真单纯是不可取的,也是不可能的,何况在应对大事时,没有一点机心是绝对办不到的。总之,我们不可过于天真,但也不可太有机心,要在两者之间找一个平衡。

《菜根谭》中还有一句类似的话:"势利纷华,不近者为洁,近之而不染者尤洁;智械机巧,不知者为高,知之而不用者为尤高。"意思就是,权利和财富使人眼花缭乱,不接近这些的人称得上清白,但能够接近它、掌握它又不受沾染的人则更加高洁;权谋诡诈的机巧之心,不知道者还算高明,但知道却不轻易使用的人则更加高明。

世界太复杂,但并不意味着我们也要随之复杂。我们只要知道这个世界的运行逻辑,看清这个世界的底牌,就可以保护自己。那么,我们应该以什么样的态度为人处世呢?不要处处怀有机心,对别人做出阴险狡诈之事,但同时我们也需要擦亮眼睛,能够洞穿形势做出明智而果断的处置。

只有看清世界逻辑和社会形势,我们才能真正做到柔中带刚、刚中有柔,进退有致。南宋名将宗泽说:"眼中形势胸中策,缓步徐行静不哗。"我们眼里看得清,胸中有谋略,这样才能保持安徐镇定。如果别人对我们有所图谋,我们不能傻乎乎地上当受骗,要敏锐地洞悉情况,然后迅速做出应对策略。做到这些,你就能运筹帷幄之中,决胜于千里之外。

与天地精神相往来，并与世俗同处

原文

　　林间松韵，石上泉声，静里听来，识天地自然鸣佩；草际烟光，水心云影，闲中观去，见乾坤最上文章。

译文

　　轻风吹过，山林中松涛阵阵，青石上泉水淙淙。凝神静听，就可以体会到天地之间最自然的声响，犹如玉佩鸣响；草丛上烟雾迷蒙，潭水中心云影倒映，假如忙中偷闲去观赏，你就能发现天地间最华美的文章。

　　道法自然。人离不开自然，只有在自然之中，我们的内心才会感到舒畅。

　　唐代诗人王维有句诗叫"明月松间照，清泉石上流"，明月清泉都是大自然赐予人类的美好事物，我们完全可以忙中偷闲，去亲近大自然，感悟大自然，体会其中的无上乐趣。

　　如何才能聆听到山林中的天籁之音呢？其中的诀窍，便是"静"。一个人，必须要有静的心态，达到静的境界，才可以看破世俗，悟到真理，提升自己的人生品位。

　　所谓"静"，其实就是我们要有一种从容不迫的淡定心态。我们要做到不浮躁，不狂躁，能够摒除杂念，放空自己，从而领悟自然深处的玄妙真谛。若想抵达这种"静"的状态，我们需要平静地进行自我反省，检点自己的得失,在形形色色的诱惑面前不迷失方向。同时,我们还需要在日常时间多读一些好的书籍,提高自身的文化修养。如果做到了这些,我们就能做到与天地精神相往来,与世俗和谐相处但又不纠缠于烦恼之间。

关于静修的境界,《菜根谭》中说:"竹篱下,忽闻犬吠鸡鸣,恍似云中世界;芸窗下,雅听蝉吟鸦噪,方知静里乾坤。"意思就是,竹篱墙下,忽然听到鸡鸣狗叫的声音,这时就仿佛置身于一个云雾缭绕的神仙世界;静坐窗前,忽然听到蝉鸣鸦啼的声音,这时才认识到宁静之中原来藏着一个超凡脱俗的天地。动静雅俗之间,生活妙趣横生。

由此可见,与天地精神相往来,是一种人生境界,更是做人做事的智慧。道家代表人物庄子原话为:"独与天地精神往来,而不敖(傲)倪于万物,不谴是非,以与世俗处。"意思是,在精神上与天地自由往来,而不蔑视万物;不要涉足人间是非,但要与世俗之人和平相处。这是一种科学的处世法则。享受山林之美的同时没必要远离人群,我们终究还是活在世俗之中的。不要参与他人的是是非非,和光同尘,与每个人都搞好关系,活好自己,照顾好自己的内心,让自己畅意舒适。如果再有机会实现人生理想,那就更加完美了。

《庄子》中有这样一个故事:列御寇为伯昏无人(注:伯昏无人为四个字的古代人名)表演射箭。他将弓拉满,又在手臂上置放一杯水。不等第一箭抵达靶心,第二箭便已射出,结果箭箭精准,每一支都正中靶心。他立在原地,神色镇定自若。

谁知,伯昏无人面对如此精湛的箭术却不以为然,说:"你这只不过是'有心射箭'的雕虫小技,远没有达到'无心射箭'的境界。如果你跟我登上高山,脚下是万丈深渊,那个时候你还能像现在这样射箭吗?"列御寇决定挑战一下,于是他们就来到山巅之上。当列御寇手拿弓箭,站在悬崖边一块石头上的时候,吓得胆战心惊、汗流浃背,更别提射箭了。

列御寇射箭的技术是精准无误的，可当换一个环境之后，他就开始手抖心慌。他不缺乏技术，缺乏的是一种与天地精神相往来的精神，一种融入自然心无旁骛的境界。任何技艺，最高水平已经摆脱技术的门槛，比拼的就是境界的高低。

每个人都需要修炼自己的内心，沉静下来，改造自我，升华自己的思想境界。有一天当你达到一种至高的境界时，你自然就能体会到"仁者无敌"的真谛，从而可以"静听松涛，闲观烟云"了。

《菜根谭》中说："闲中观去，见乾坤最上文章。"最好的文章不是在纸上，而是在天地之间，唯有与天地精神相往来的人才能读懂。关于这个观点，清代文学家张潮在《幽梦影》也有所描述，他说："文章是案头之山水，山水是地上之文章。"好的图书和文章就像摆在桌案上的山水，而山水则是造物主在大地上书写的文章。我们唯有保持闲适安静的心境，才能领略山水之间、文字之间的妙处，同时彻悟生活的真意。

人生原本可以更加逍遥和快乐，只是天下本无事，庸人自扰之。请让我们忙中偷闲，静听松泉，闲观烟云。取一壶茶，在春日午后，享受阳光，那才是最惬意的生活。

畅情适性是人间逍遥之法

原文

幽人清事，总在自适。故酒以不劝为欢，棋以不争为胜，笛以无腔为适，琴以无弦为高，会以不期约为真率，客以不迎送为坦夷。若一牵文泥迹，便落尘世苦海矣。

译文

雅致不俗的人及清雅的事，完全从自得其乐中而来。所以，饮酒以不劝饮最为快乐，下棋以不争胜最为高超，短笛以信口而吹最能自得，弹琴以领会琴中之趣最为高雅。朋友约会以不受时间限制最能尽欢，客人来往以不迎送最为亲切。如果被繁文缛节所牵，拘泥形迹，就落入人世间无穷的苦境了。

我特别喜欢导航里的语音提示："您已偏离路线，已经为您重新规划路线，请在合适的位置掉头！"哪怕路线走错了，它也能很快为我规划新的路线，让我开起车来自由自在、无拘无束，心情无比放松。我想，如果我们的人生也能如此畅情适性该多好啊！

在现实社会中，我们普通人在为人处世的时候，很难跳出世俗礼法的圈子，无法达到古人那种万事随心、率意而动的逍遥境界。很多时候，我们都是说话言不由衷，做事身不由己。每天这样过活，我们常常会感觉身心疲惫。

古代有许多"越名教而任自然"的名士，他们崇尚畅游天地之间，超越儒教的伦理纲常约束，任由自然本性尽情抒发。他们不拘一格，寄情山水，冲破世俗礼法的牢笼，寻求恣情畅意的生活方式，给后人留下许多悠然神往的遐思。如果用今天的眼光来看待和评判，一定会感到瞠目结舌，从而得出截然不同的结论。

看过金庸《笑傲江湖》的人，相信一定会对主角令狐冲印象深刻。令狐冲自然率真，性情放荡不羁，不为世俗礼法所拘，喜交天下朋友，不论善恶贫贱，只要言语投机，一概倾心交之。但他从不随波逐流，不与伪君子岳不群、魔教教主任我行等人同流合污，哪怕是自己的师父或岳父，他同样能够划清界限，在混浊的时代坚守自己的人格底线。

随性自然，这是快乐生活的秘诀。举一个很简单的例子：在聚会上，一大堆朋友向你敬酒，你能说不喝吗？若不喝，那便是瞧不起朋友，至少朋友是这么认为，他会因此而生气。若是你的酒量不错，那倒也没什么，但若酒量平平，还被朋友硬是劝酒，那心里的滋味就如人饮水、冷暖自知了。在酒局上，最好的状态是什么呢？与知己朋友一起，来三四碟下酒菜，互相并不劝酒，想喝多少就喝多少，一切自然随意，这样才是最畅快！

在现实生活中，很多人常常抱怨工作如何不顺，生活如何不如意。我想，原因之一可能就是我们的内心处处纠结，心灵压抑、扭曲，得不到解脱。自己想做的事情做不了，不想做的事情却要每天面对，而且必须强迫自己去完成。理想与现实的错位，身体与心灵的分离，把我们的精气神耗费殆尽，一天天犹如行尸走肉一般。这样一来，我们做事情就很难全心全意投入，因而所获得的结果必然不如我们所期望的那么好，于是内心更加痛苦，就这样一天天恶性循环，毫无解脱之道。

《菜根谭》中说："幽人韵事，总在自适其情。"一个人只有畅情适性的时候才是最快乐的，这也是我们所追求的理想的生活状态。然而，生活在这样一个物欲横流的时代,我们每个人都很难真正做到随心所欲,必须要见自己不想见的人,做自己不想做的事情,这是在所难免的。尽管如此,在做人做事的过程中,我们仍然可以保持一份洒脱的心情,让自己轻装上阵、笑傲江湖。

电影《笑傲江湖》(1990年版)的主题曲特别能体现人生逍遥的况味。人生犹如江湖,充满各种尔虞我诈、你争我夺,在这种赤裸裸的争斗中,我们应该何去何从?请让我们一起欣赏《沧海一声笑》的歌词,相信你能从中得到一些启发。

> 沧海一声笑 滔滔两岸潮
> 浮沉随浪 只记今朝
> 苍天笑 纷纷世上潮
> 谁负谁胜出 天知晓
> 江山笑 烟雨遥
> 涛浪淘尽红尘俗世几多娇
> 清风笑 竟惹寂寥
> 豪情还剩了一襟晚照
> 苍生笑 不再寂寥
> 豪情仍在痴痴笑笑

浮沉随浪,在沧海中豪情大笑,是一种什么心情?这是一种逍遥乐观的生活态度,一种洒脱的舒畅情怀。正所谓"星河万丈波澜阔,且作人间逍遥客",人生苦短,何不活得洒脱一些、自在一些?畏畏缩缩、委曲求全,活着还有何趣味可言呢?从根本上说,做人做事,需要顺着自己的自然本性才好。遇到一些自己确实厌恶的人和事,我们完全有拒绝的权利。如果整天深陷乱七八糟的烦心事之中,人生岂不就是无尽的苦海吗?

生在人世间,最逍遥的活法就是随性自然,少一些刻意雕琢和繁文缛节,很多无关紧要的事情该割舍的要割舍,该简化的要简化,让自己轻装上阵。踏着轻快的节拍,按照自己的本性和性情去做人做事,你将看见更多生活的美好。头上青天白云飘,满目青山入眼来,生活中处处是诗情画意,一切尽在不言中。

身心自在的做人境界

原文

古德云:"竹影扫阶尘不动,月轮穿沼水无痕。"吾儒云:"水流任急境常静,花落虽频意自闲。"人常持此意以应事接物,身心何等自在!

译文

古代的贤德之士说:"竹子的影子晃过了台阶,而台阶上的尘土丝毫不动;月光照穿池塘,却不会在池水中留下痕迹。"当今的儒雅之士也说:"任凭流水湍急,心境却常能保持清静;虽然花落纷飞,但意念常能保持悠闲。"一个人如果能以这样的心境应对事物,那么身心是何等的自由自在啊!

人生在世,我们一定要有定力,任凭外界如何风吹草动,内心却始终坚如磐石。时刻怀着一种平和悠闲的淡定和从容,从而达到处变不惊、荣辱偕忘的人生境界。

关于这种境界,《菜根谭》中还有一句名言:"宠辱不惊,看庭前花开花落;去留无意,望天空云卷云舒。"另有版本为:"宠辱不惊,闲看庭前花开花落;去留无意,漫随天外云卷云舒。"大意就是,对于一切恩宠和侮辱都看惯不惊,泰然处之,用平静心态欣赏庭院中花开花落。对于人生中的离去聚留都不在意,心性情随着天空浮云随风聚散。哪怕外界风起云涌,身心都不起波澜,这样才有闲看的雅致,自在的逍遥。

正所谓,百花丛中过,片红不沾身。虽然身处浊世,心中却不被凡尘熏染,外界的一切都不能扰乱自己的情绪和意念。这正是我们要学习的为人处世心态。对于这种心态,古人云:"泰山崩于前而色不改,麋鹿兴于左而目不瞬",意思就是,泰山在眼前崩塌都面不改色,麋鹿突然出现眼却不眨一下。如果你能保持这种镇定自若的心态,做人做事更容易一帆风顺。名著《三国演义》中曾写过这样一个故事——

三国时期,诸葛亮在北伐魏国时,因错用大将马谡而导致战略要地街亭失守,遭受巨大的失败。街亭是关陇咽喉之地,历来兵家必争,战略位置十分重要。街亭失守,意味着诸葛亮率领的军队被彻底孤立,运输粮草的道路将由此中断。打仗打的就是粮草后勤,如果粮草后勤保障出现问题,后面的仗就没法打下去了。因此,诸葛亮面临着危急考验。

诸葛亮的对手是魏国大都督司马懿,他知诸葛亮街亭失守,于是率领十五万大军开始反攻。此时诸葛亮帐下只剩下一帮文臣,能打仗的将士只有几千人。众人听到司马懿杀来的消息惊吓得面如土色,然而诸葛亮却不慌不忙、镇定自若。他传令众人将旌旗藏起来,将士都保持沉静,不要惊慌喧哗,更不要主动迎战。大家主动将四方城门打开,每个城门边都有二十多名百姓打扫街道,其实他们都是士兵装扮的。诸葛亮披上鹤氅,头戴纶巾,领着两个书童坐在城楼之上,若无其事地焚香弹琴。

司马懿率领大军来到城墙之下,见到诸葛亮焚香抚琴,从容沉着、身心自在,打扫街道的"百姓"也气定神闲。他心里琢磨,诸葛亮肯定在城中设下了埋伏,如冒险进城恐怕正好中计。思索良久,司马懿决定撤兵离开。蜀军紧张危急的局面才得以转危为安。

由此可见,"不以物喜,不以己悲",不仅是一句名言,更是个人修炼的指导方针。当遇到好的结果时,我们先抑制住内心的狂热,心中有一个清醒的认识。不要因一时冲动而昏了头脑,更不可在外物的影响下而扭曲自己。你要学会用理性的大脑去判断,仔细自己下一步怎么算,给自己制定一个合理的计划。一个人若是因短暂的胜利而不思进取,失去了斗志,那么他很快就会被随之而来的形势所淘汰。

遇到紧急的变故,我们首先要做的就是不惊慌,一旦慌乱了手脚,胸中就全无应对策略。保持清醒的头脑,深思熟虑地寻求万全之策,这样才有可能扭转局面,使事情不向更加恶劣的局面发展。总之,真正有智慧的人,情绪不因形势的变化而波澜起伏,而是能够始终保持恬静淡然,并在社会生活中得心应手、左右逢源。

那么,在现实生活中,我们具体应该怎么做呢?曾国藩给出了一个经典的答案,一共16个字,完全可以作为人生的座右铭:

物来顺应
未来不迎
当时不杂
既过不恋

曾国藩这16字箴言所出原文为:"当读书,则读书,心无着于见客也;当见客,则见客,心无着于读书也。一有着,则私也。灵明无着,物来顺应,未来不迎,当时不杂,既过不恋。是之谓虚而已矣,是之谓诚而已矣。"意思就是,读书的时候,我们的心神全在读书上,心中不要有一丝接见宾客的杂念;等到接见宾客的时候,心神全集中在接待客人上,心中不要有任何想读书的杂念。只要有一丝杂念生出来,则私心就跟着起来了。我们的心灵清透明澈,不要带一丝杂念,事情来了,我们顺应着它;未来的事情,我们不要刻意去迎合,该来的自然会来。活在当下,专注于当下;过去的事情,不管是好是坏,都不要念念不忘、耿耿于怀。这就是虚空状态,让内心不着一物。同时,这就是赤诚之心的境界。如果你能做到如此境界,做人做事更易获得非凡的成功。

人生至味只是淡

原文

茶不求精而壶亦不燥,酒不求冽而樽亦不空;素琴无弦而常调,短笛无腔而自适。纵难超越羲皇,亦可匹俦(chóu)嵇阮。

译文

茶无须精品,饮茶时壶底不干即可;酒无须奢华清冽,酒樽不空即可;朴素的琴,无须弹出美妙乐曲,经常能调节身心即可;短笛信口乱吹,自得其乐即可。如此人生境界,纵使难以超越伏羲(上古时代的三皇之一),也可与魏晋名士嵇康、阮籍等人的率性相匹敌了。

一个人如果过于追求精致、完美、奢华,苛求到极致的程度,反而会失去活着的真趣，沦为一种刻板的形式主义。就像饮茶与喝酒，每个程序都追求完美，苛刻而死板，像在履行什么重大仪式，反而会成为一种负担，犹如锁链的捆绑。留在壶底的茶垢，见证了时光匆匆；浅浅的一丝浊酒，在杯底荡漾，酒不醉人人自醉。在平平淡淡的时光流逝中，我们品的是人生的滋味，不求奢华的酒具茶具，也不拘泥于名酒名茶。

古代的贤人隐士们，比如魏晋时期的竹林七贤，他们在幽岩之间悠然自得，徜徉山水，纵情自然，不染尘俗之气，体会天地万物的真趣。这些人才华横溢、率真自然，虽然在人情世故方面有些失误，但他们逍遥自在的生活态度值得我们学习。

春秋时代，谋士范蠡在辅佐越王勾践消灭吴国之后，急流勇退，悄然归隐，从此泛舟五湖之上，过着清淡无为的生活。这就是他的睿智之处。试想，如果他痴迷于权势富贵，最终会被迫卷入险恶的政治漩涡中。勾践本来就是只可同患难不可同安乐的刻薄君主，如果继续生存在那样的政治环境中，迟早要赔上性命。翻开历史书看看，与范蠡共事多年的好友——文种，最终遭受了"兔死狗烹"的悲惨结局。

古往今来，有很多人紧抓手中的名利不放，等到大祸临头时才幡然醒悟，但已经悔之晚矣！所以，与其事后悔悟，不如在做一件事情之前先慎重考虑一下，想清楚下一步要迈向哪个方向。

《菜根谭》给出了一味良药，具体是这么说的："热闹中着一冷眼，便省许多苦心思；冷落处存一热心，便得许多真趣味。"意思就是，当我们在熙熙攘攘的热闹场中，假如能冷眼旁观事物变化，就可以节省很多不必要的心思；一个人在穷困潦倒时，仍然能保持一股向上的热心和精神，就可以获得人生真正的乐趣。世间喧闹不已，但我们可以有自己的心灵休憩场所。比如茶道、琴道、书房，都可让我们调节性情，忙中偷闲享受人生乐趣。

人生至味只是淡，平淡中方可悟真知。宋代文学家、书法家黄庭坚曾在《四休居士诗并序》中记载了四休居士的事迹。"粗茶淡饭饱即休，补破遮寒暖即休，三平二满过即休，不贪不妒老即休。"关于四休居士，有这样一个故事——

四休居士原名孙君昉，是一名医术高明的太医，他曾给很多人发药治病却不求任何回报。有个叫山谷的人问他："为什么叫四休这个名字呢？"四休居士笑着回答："粗茶淡饭饱即休，补破遮寒暖即休，三平二满过即休，不贪不妒老即休。"意思就是，能够吃饱穿暖，平平稳稳过得去，不贪心不嫉妒，心情平和地安度晚年，就这样渐渐老去，不失为一桩乐事。听到这样的回答，山谷赞叹说："这才是世间真正的安乐法啊！"

少私寡欲，不炫耀，不张扬，做到知足常乐，这就是快乐人生。

珍惜当下，享受人生，这是最真切的生活态度。在《南史·谢惠传》中，曾生动地记载了南朝时期一个叫谢惠的人，他是一个不喜欢滥交朋友的人，即使是自斟自饮、自娱自乐，也能感受到无限的乐趣。他曾说过这样一段话："入吾室者，但有清风；对吾饮者，惟当明月。"什么意思呢？入我房间的，只有清风；陪我对饮的，唯有明月。即使没有高朋满座，只要有清风明月陪伴，我仍然可以怡然自乐。这是一种超凡的生活态度和人生境界。

在生活中，我们要让自己做到淡泊和洒脱，平平淡淡地过好每一天，这样就已经是无上的快乐人生了。把握现在所拥有的，珍惜自己所爱的，这正是人生重要的课题。

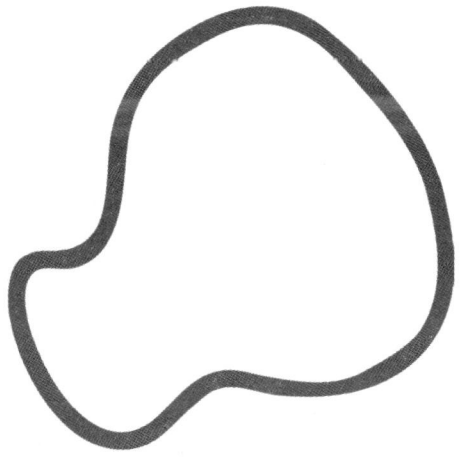

第七章

从今天开始，让我们这样看世界

你如何看待世界、如何与世界相处，决定了你将变成什么样的人。哲学家尼采在《善恶的彼岸》中说："与恶龙缠斗过久，自己也会成为恶龙；当你凝视深渊时，深渊也在凝视你。"所谓人情世故，就是要学会处理世界和人情。要想不局限于小圈子，我们就要跳出自我看世界，看破功名富贵，看破顺境逆境，从而"以万物付万物""出世间于世间"。

境由心生的含义

原文

欲其中者,波沸寒潭,山林不见其寂;虚其中者,凉生酷暑,朝市不知其喧。

译文

一个内心充满欲望的人,能够让寒冷的潭水波涛汹涌,即使住进深山老林也无法平静下来。一个内心欲望很少的人,即使置身盛夏酷暑也会感到凉爽,哪怕住在闹市之中也不会觉得喧嚣。

世无净土,真正的净土不在遥远的天边,只在你自己心中。何处寻觅安静之所?唯有灵魂深处。面对这个喧嚣的世界,我们只有让自己的心静下来,才是对自我的更好救赎。欲望太盛,正是狂躁的根源。虚心正念,才能清醒地洞察自我,从而按照本性活好这一生。

人的一生就是与欲望战斗的过程,一场不见硝烟的内战。脸上看似风平浪静,内心早已翻江倒海。境由心生,你有什么样的心态,就会看到什么样的风景。内心的情绪会严重影响你如何看待这个世界。一个被欲望和情绪支配的人，他的人生是可怜而可悲的。一个能够掌控自我欲望和情绪的人，则是一个坚强的人，一个了不起的人，一个更易有大作为的人。

有一种吸血蝙蝠，生活在广阔的非洲大草原。它是野马的致命杀手，每当遇见它，野马都会不寒而栗。

这种蝙蝠究竟有什么可怕之处呢？其实很简单，它依仗自己身体小巧的优势，趴在野马的腿上，然后用锋利的牙齿咬进野马的肉里，狠命地吸血。由于感到疼痛，野马狂躁不已，开始疯狂地蹦跳和奔跑。无论野马如何狂跳，蝙蝠都牢不可脱。等蝙蝠吃饱喝足之后，野马也悲惨地死掉了。

根据动物学家分析，野马并不是死于蝙蝠的吸血，而是死于自己狂怒的情绪。蝙蝠所吸的血量微不足道，不足以让野马致命。真正让野马致命的是自己的情绪——暴怒和狂奔，野马就这样被自己活活累死。如果它能让自己静下来，保持充足的体力，很容易就能找到驱赶吸血蝙蝠的办法。

面对吸血蝙蝠，野马不能掌控自己的情绪，但在现实的烦恼面前，又有几人能够保持清醒呢？法国军事家拿破仑说："总司令最重要的品质就是冷静的头脑。" 所以，古往今来真正有智慧的人，总是刻意培养自己的耐心和恒心，不让自己的内心受到外界事物的困扰，从而失去冷静的理智。一代名臣范仲淹也曾说："不以物喜，不以己悲。"这正是"境由心生"的最好诠释。

《后汉书》中说："与善人居，如入芝兰之室，久而不闻其香；与恶人居，如入鲍鱼之肆，久而不闻其臭。"由此可见，我们应该警惕内心与外界环境的关系。心可以从环境中学好，也可以从环境中学坏。主观能动性可以改变外界环境，人的认知也可以被外界环境所影响，我们不可不警惕和谨慎。人性如素白的丝绢，正如墨子所言："染于苍则苍，染于黄则黄，所入者变，其色亦变。"你想染成黑色还是黄色，就看你身处的环境。这意味着我们要强大自身的力量，改变环境，而不可被环境所改变。

人活着总是需要一点精神的,如果失去了精神和灵魂的支撑,那我们和一具行尸走肉又有什么区别呢?小成功靠的是勤奋,大成功靠的正是内心的精神和信念。清朝末年,"戊戌六君子"之首的谭嗣同,为了救亡图存,不愿苟且偷生,最终在菜市口被砍头示众,然而他的事迹名垂千古,精神永远流传。正是由于胸怀信念,所以他能临危不惧,面对生死,淡然处之。试想一下,假如这些人欲念填胸,不能虚心正念,怎么可能实现伟业、青史留名呢?只有做到无欲则刚,心静如水,才能做到常人无法做到的事情。

关于"境由心生"的道理,儒家经典《礼记·大学》中说:"知止而后有定,定而后能静,静而后能安,安而后能虑,虑而后能得。"意思就是,知道要止于至善,然后才能志有定向;志有定向,然后才能心不妄动;心不妄动,然后才能安于目前的处境;安于目前的处境,然后才能虑事精详;虑事精详,然后才能达到至善的境界。这句话的意思是:懂得停下来的底线,然后内心才能定下来;内心有定然后才能静修,静修然后内心才有所安放,心有所安然后才能注重思考,注重思考然后才能有所获得。

总之,止、定、静、安、虑、得,这是做人做事的一个优美的逻辑,一个完美的闭环。其中,心定是核心。心不定,万事皆不能定。心定了,人生事业才能有所着落。为此,我们一定要好好修炼这颗心,让它不仅有掌控自我的力量,而且还有改变世界的勇气。

人工与天然,何去何从

原文

花居盆内终乏生机,鸟落笼中便减天趣。不若山间花鸟,错集成文、翱翔自若,自是悠然会心。

译文

花栽种在盆中便显得缺乏自然生机,鸟被关进笼中便减少天然情趣;这些都不如山间的野花那样显得自然艳丽,也不如天空的野鸟那样自由飞翔,由于它们都自由生存在大自然中,让人看起来更加赏心悦目

世人往往有两张面孔,在面对别人的时候是一张面孔,独自一人的时候,又是一张面孔。人们渐渐学会了伪装,学会了掩饰。一旦伪装,人就开始背离自然。手机里各种美颜技术已经让我们无法辨识自然的面容。

人工雕琢的痕迹越来越重,我们日渐活在虚假、虚拟的世界。有科学家在研究脑机连接,通过刺激大脑皮层让人体验悲欢离合。这样一来,人不需要在现实世界里奔波生活,只需要躺在实验室里,就可以在幻想世界过完一生。然而,这样的活法,你乐意接受吗?正如被修剪的植物,被阉割的动物,我们人类真实的天性正被逐渐扭曲。这样的人工世界,正在一天天到来,不管我们情愿不情愿。这到底是人类的进步,还是人类的堕落?

关于人工与天然之间的关系,战国时代的哲学家庄子写过这样一则故事:

南海有个帝王,名字叫倏(shu);北海有个帝王,名字叫忽;中央的帝王,名字叫混沌。混沌是一个没有眼鼻口耳七窍的怪物,但却活得十分自然健康。有一天,倏和忽来到混沌这里做客,混沌招待他们非常热情,细心体贴,无微不至。

倏和忽非常感动,决定要好好回报混沌的款待之情。他们两个商量说:"人都有七窍,这样才能很好地看风景、听声音、吃食物、呼吸空气,唯独混沌没有七窍,看上去好生奇怪,现在就让我们帮他把七窍凿出来!"说干就干,倏和忽每天勤奋工作,手拿工具,叮叮当当,敲敲打打,每天替混沌凿开一窍。到了第七天,他们帮混沌一共凿开了七窍,大功告成了。然而等他们仔细一看,浑沌已死去了。

自然的状态,就是真实的状态,或许不够完美,但这是一种健康的活泼的生命。李白有诗曰:"清水出芙蓉,天然去雕饰。"足见天然的可贵。

人工智能是好事,但如果没有遏制地疯狂发展,必将是人类的浩劫和灾难。做人做事也是如此,如果我们总是活在伪装之下,不能坚守自己的本真,所说的话,所做的事,都不是出自本意,而是刻意地去表演,那样我们距离幸福或许会渐行渐远。

那么,什么是自然,什么是人工呢?有这样一则寓言故事:一天,河神向北海神请教:"自然是什么?人为又是什么?"为了解释清楚,北海神就打了一个比方:"牛马一出生,就生有四只脚,这就是所谓的自然。但如果将一根绳子套在它们头上,在它们的鼻孔间穿上一根缰绳,又给马钉上铁蹄,这就是所谓的人为了。"

俗话说:"花盆里种不出参天大树,鸟笼里飞不出雄鹰。"这话是有道理的,花盆和鸟笼是扼杀天性的刽子手。英雄大多是在乱世诞生的,正所谓"沧海横流,方显英雄本色"。越是在没有约束的环境下成长,人的天性和潜能越容易开发和释放,以至于天才、英雄、大师层出不穷。

老子在《道德经》第二十五章中说:"人法地,地法天,天法道,道法自然。"他崇尚向天地学习自然之道。所谓自然之道,即自然规律。按照自然规律办事,这就是我们今天所谓的科学发展观。老子还有一个观点,就是认为婴儿是最为天然的存在,因为还未曾受到世俗的熏染和改造。他在《道德经》第五十五章中说:"含德之厚,比于赤子。"这里的赤子,就是小孩子的意思,德行深厚的人比得上初生的婴儿。他还说:"专气致柔,能婴儿乎?"意思就是,专一地修"气",让气凝聚起来,让精神和肉体都变得非常柔软。你能做到像婴儿那样精满气足神旺吗?我们成人的天性和真气大都泄露,填塞了欲望和浮躁,距离自然之道的境界实在太远了。婴儿心智未发,尚不懂得掩饰,一切都是率性而为,一举一动皆天真自然,不知不觉已经与"道"的境界接近。所以,老子希望自己也能像婴儿那样,保全天然本性,做一个纯真自然的人。无为而治,万物自然,尽显本真。

一株植物,我们栽入盆中,长得再茂盛,也不过是微不足道的盆景;可如果它生在天地之间、田野之上,没人前来干涉,它就可以自由自在地开枝散叶,不必受人剪裁,枝杈可以自由地伸展,说不定能成长为一株参天大树。然而,人世多伪,一些人喜欢将天然的事物扭曲变形,丧失本真。正如龚自珍在《病梅馆记》中说:"斫其正,养其旁条,删其密,夭其稚枝,锄其直,遏其生气,以求重价。"为了赚钱,人们不惜采取扭曲天性的方式让梅树变得弯曲和古雅,目的就是为了求取高昂利润。我们应该怎么做呢?龚自珍给出了自己的答案。他是这么做的:"纵之顺之,毁其盆,悉埋于地,解其棕缚;以五年为期,必复之全之。"解放被扭曲摧残的梅树,毁掉囚禁它们的瓦盆,为它们松绑,以五年时间将这些被扭曲被损坏的梅树恢复,保全它们的天性。

无论我们知道多少人情世故,掌握了多少社会规则,都不是为了扼杀自我天性,而恰恰相反,这是为了更好地成全自我,以此庇护真性情和真思想。我们要牢记,做人不能太虚伪,如果整天矫揉造作,染上了蹩脚的表演癖,不但回归不了本真,时间长了连自己是谁都忘了。活在设定的角色里,不但痛苦不堪，而且也得不到自己想要的东西。我们真正该做的是依着本性做人做事，尽情释放自我潜能。

当你凝视深渊时，深渊也在凝视你

原文

一念慈祥，可以酝酿两间和气；寸心洁白，可以昭垂百代清芬。

译文

心中存有慈祥的念头，可以形成天地间温暖平和的气息；心地保持纯洁清白，可以留给后世百代美好的名声。

如果你问我，《菜根谭》全篇讲的到底是什么？是我们为人处事的圆滑经吗？答案是否定的，处世手段只是人生的工具，人心的修炼才是我们提升人生境界的大道。也就是说，《菜根谭》的本质是提倡修身养性的，是在告诉我们，心善则光明路开，无论是一念的慈祥，还是寸心的洁白，我们都能为自己留下"百世美名"。

慈祥，可酝酿和气。慈祥是一种善良，与天真或者超然联系在一起。多数情况下，慈祥的人不为恶，非不能，是不为，也是不愿。慈祥的人不屑于为非作歹，他们并非不懂狡诈和心计，只是不想滥用这种"正当防卫"和"世俗争斗智慧"的权力罢了。

事实往往是这样的，我们身边的小孩子是纯真的，经过大风大浪、参透人世玄机的很多大人物也是简单的，正所谓"历尽千帆，归来仍是少年"。而那些利欲熏心、一瓶子不满半瓶子晃荡的人，则往往最为复杂奸诈。为什么这么说呢？因为在小孩子眼中，世界处处是新鲜，处处充满乐趣和美好；内心强大的大人物，他们早就看透了世间的争斗，掌握了为人处世的智慧，他们深刻明白只有守住人生的正道，才能走得更远，才能有所成就，而绝不是搞一些歪门邪道的小伎俩。

《论语·述而》中说："君子坦荡荡，小人长戚戚。"意思就是，君子光明磊落、心胸坦荡，小人则斤斤计较、患得患失。小人虽然横行一时，但到最后胜出的永远都是心有光明、心怀慈悲的人。他们心中有光，从不介怀，微笑着面对现实，永远不丧失对生活的信念。只有这样，人才不会被周围的噪音迷失了纯真的本性，更不会因为遇到黑暗就失去理智，以恶制恶，以暴制暴，由此让自己偏离正确的轨道。哲学家尼采在《善恶的彼岸》中说："与恶龙缠斗过久，自己也会成为恶龙；当你凝视深渊时，深渊也在凝视你。"这句话的意思是，如果你与罪大恶极的敌人斗争，缠斗的时间长了，因为过多的关注和了解，不知不觉你就会成为类似的人。当你研究邪恶的东西，一心想要破解它的时候，这些邪恶的东西会不知不觉侵入你的大脑，侵入你的内心，让你沾染上邪恶的习性。人性是复杂的，也是脆弱的，善恶在一念之间是可以转化的。我们需要摒除外界的左右和影响，让自己保持内心的洁白。

人性之恶是如何产生的呢？主要原因是源于欲望。每个人都有欲望，欲望得不到满足时，便与他人有了利益之争。争不到时，如果不择手段，突破社会规范与道德底线，就会做出让世人瞠目结舌的事情来。俗话说："共患难易，共富贵难。"贫穷患难之际，大家互帮互助，一旦富贵之后，为了利益的争夺，当初的亲人和朋友沦为仇敌，大恶正是由此而生。

一代雄主汉武帝，老年时，在长安城内跟自己的儿子大动干戈，最后竟把儿子逼得走投无路，自尽身亡；隋炀帝，为了急于当皇帝掌握大权，竟然不惜背逆伦常，谋杀亲父隋文帝，害死哥哥杨勇；唐太宗李世民，由于自己排行老二而无法继承皇位，竟狠下心肠发动"玄武门之变"，杀死了作为太子的亲哥哥李建成和亲弟弟李元吉，再软禁亲生父亲，逼他让位给自己；武则天，为了篡夺大唐江山，不惜杀害自己的亲生子女，一共杀死3个孩子（两儿一女），掐死女儿安定思公主，毒死大儿子李弘，逼二儿子李贤自杀，鞭死孙子李重润、孙女李仙蕙、侄孙武延基，害死亲姐姐韩国夫人、外甥女魏国夫人、两个同父异母的哥哥，以及高宗其他妃子所生的儿子。为了权位和利益的争夺，可谓心狠手辣、丧尽天良。

在二十四史中，如此心狠手辣的事例随处可见。他们为了权势如此狠毒，失去了为父为母、为子为女的慈祥仁孝。纵然在功业上获得了大成功，但在家庭美满和人生幸福方面，终究是有着大亏欠。正因看惯太多尔虞我诈，我们才更应该坚守正道，倡导社会和谐。由此可见，人的情感并非总是理性，经常充满感性。人的慈善出于一念之间，罪恶同样出于一念之间。《菜根谭》中说："心体光明，暗室中有青天；念头暗昧，白日下有厉鬼。"我们要守护心中的光明，而不是让念头陷入黑暗，沦为白日厉鬼。

那么，我们如何才能避免一念之差的恶，而保持内心的慈祥和洁白呢？答案就在于理性的克制。著名儿童文学家秦文君在《十六岁少女》中说："人需要控制感情冲动，熄灭毁灭性的念头，使激情以理智的方式表达出来，否则便产生悲剧。"控制自己的情绪，约束自己的言行，经常在内心里审问自己。只有养成反省自身的习惯，检查每天的行为是否妥当，念头是否误入歧途，如此谨慎行事，内心的"恶"才能得到抑制，内心的"善"则可以被发扬光大！

春日繁华似锦,不如秋日云白风清

原文
春日气象繁华,令人心神骀(tái)荡,不若秋时云白烟青,兰芳桂馥(fù),水天一色,上下空明,使人神骨俱清也。

译文
春天万象更新,一片繁华,使人感到心神舒适畅快;但是却不如秋高气爽时的白云飘飘、青烟缭绕、兰桂飘香、水天一色,天朗气清,一片空明,使人的身体和精神都感到明澈、清醒。

自古以来,文人骚客都喜欢将秋天写入诗词歌赋中,以此抒发内心的情怀。杜甫诗中写道:"风急天高猿啸哀,渚清沙白鸟飞回。无边落木萧萧下,不尽长江滚滚来。"在他眼里,秋天是充满凄凉和哀伤的季节。而同为诗人的刘禹锡却如此写道:"自古悲秋多寂寥,我言秋日胜春朝。晴空一鹤排云上,便引诗情到碧霄。"在他眼中,秋天比春天更美好,晴朗碧蓝的天,让人诗情无限,毫无悲伤的调子。

更有一些人,对秋天怀着无限的热爱,甚至达到了爱之入骨入髓的地步。比如现代文学家郁达夫,曾在文章《故都的秋》中如此写道:

"秋天,无论在什么地方的秋天,总是好的;可是啊,北国的秋,却特别地来得清,来得静,来得悲凉。""早晨起来,泡一碗浓茶,向院子一坐,你也能看得到很高很高的碧绿的天色,听得到青天下驯鸽的飞声。从槐树叶底,朝东细数着一丝一丝漏下来的日光,或在破壁腰中,静对着像喇叭似的牵牛花的蓝朵,自然而然地也能够感觉到十分的秋意。""对于秋,总是一样的能特别引起深沉,幽远,严厉,萧索的感触来的。不单是诗人,就是被关闭在牢狱里的囚犯,到了秋天,我想也一定能感到一种不能自已的深情。""秋天,这北国的秋天,若留得住的话,我愿把寿命的三分之二折去,换得一个三分之一的零头。"

事实上,秋天本是客观存在的自然现象,无所谓悲,亦无所谓喜。为何人们对秋天有着不同的心境呢?其实说白了,又何尝不是心态的问题呢?国学大师王国维说:"一切景语皆情语。"也就是说,我们关于风景的言语都是内心情绪的表现。你怎么看世界,就流露出你内心是什么情怀,可以看出你内心正处于春夏秋冬哪一个季节。

现代生活灯红酒绿,到处都是享乐的机会,正如春天般绚烂多姿、繁花似锦。可在《菜根谭》看来,繁花似锦的日子却远远不如秋日清凉旷远。春天的风很暖很柔,容易让人意醉神迷,从而丧失前行的方向和动力,正所谓"山外青山楼外楼,西湖歌舞几时休?暖风吹得游人醉,直把杭州作汴州"。春风沉醉的夜晚不如清醒的秋日早晨,那种云白风清、水天一色,可以让人感到神骨清爽,更加冷静地思考未来的前途和命运。

不仅生活如此,爱情与婚姻同样如此,一时的轰轰烈烈,不及细水长流。春光明媚之际,情到浓时,人心迷失,而到了秋天,无边落木萧萧下,不尽长江滚滚来,此时水落石出,事物都露出了真实的面貌。倘若我们能够提前有所准备,不过分陶醉在短暂的春日繁华中,多几分秋天的清醒和理智,则不至于落得如此冷冷清清、惨惨戚戚的下场。

友情也是如此,初见之欢,远远不如久处不厌。"长亭外,古道边,芳草碧连天",这是送别的凄凉。"桃花潭水深千尺,不及汪伦送我情",这是朋友之间的缱绻。不论地位悬殊,不论年龄差距,只要怀着一颗真挚的心,双方就能成为无话不谈的知己。正如钟子期与伯牙的友情,有一种历久弥新的感动。古人说,君子之交淡如水,小人之交甘若醴(lǐ,一种甜酒)。君子之间的交往,互相尊重,不苛求,不强迫,不嫉妒,不黏人,云淡风清般美好。在世俗之人看来,仿佛白水一样清淡。而小人之间的交往则像甜酒一样甜蜜浓烈,天天腻到一块儿,浓得化不开,可一旦遇到利益相关的麻烦,则各顾各的,四处逃散。

在高效率、快节奏的现代社会,我们不应该像春天般沉醉和昏迷,而应该保持秋天的清醒和理智。停下自己的脚步,平心静气地观察周围的点点滴滴,享受生活的平淡,追求人生的境界。做人,不势利;做事,不功利;人生,有理想。拨开春天般花团锦簇的表象,守住秋日般的平淡之美,你将不难发现,我们所苦苦寻觅的原来一直都在自己身边。

南宋宰相文天祥诗云:"人生如空花,随风任飘浮""达人贵知命,俗士空劳形"。繁花之春,终究是空幻的,不若秋日之果来得踏实。所以,我们要抛开那些空洞的、不切实际的想法,用清冷之心去感受日常的点点滴滴,这样就能体验到绵长而永恒的生活之美了。

富贵如浮云——如何看破富贵的本质

原文

莺花茂而谷艳山浓,总是乾坤之幻境;草木落而崖枯水瘦,才见天地之真吾。

译文

燕语莺歌、花草茂盛,山谷中一片艳丽,终究是天地间虚幻的景象;河流干枯、草木凋零,石崖上一片枯萎,才是天地的本来面目。

春天虽然繁花艳丽,然而不过是片刻虚幻,无法长久地延续下去;秋天虽然萧瑟苍凉,却可以显露天地的本来面目。虽然如此,人们还是喜欢春天,迷恋于满园春色,而秋天一到,则心生凄凉之感。这是人的本性所决定的。

对于人生,我们要像秋天一样,看到隐藏的真相。然而,很大一部分群体,始终痴迷于金钱、地位和美色,为了追求心中的欲望,不惜丧失人格,抛弃道德,甚至不择手段,无所不用其极。最终的结果,就是变得唯利是图、阴险奸诈,甚至走上不归路。唐朝有一则传奇故事——《枕中记》,值得我们每个人深思。

唐开元年间,有一个道士在投宿旅店时,碰到了一个姓卢的年轻人,两人萍水相逢，言语十分投机。交谈过一阵儿之后，卢生忽然叹息道："大丈夫生于世间，该当建功树名，出将入相，列鼎而食。可怜我饱读经书，到如今却一无所用。"

道长哂然一笑，于是探囊取出一个枕头，对他说："今晚你就枕着它睡吧！它可以满足你的愿望！"当晚卢生就枕着道士的枕头安眠。在恍恍惚惚中，他回到了自己的家。不到数月，他就娶了一位美貌贤惠的妻子，心里高兴得很。到了第二年，他中了进士，仕途上也一帆风顺，连升数级。后来他又带兵南征北讨，立下了赫赫战功，真可谓出将入相。

可惜好景不长，没过多久，他被同僚诬陷与边关大将勾结谋反，接着被打入深牢大狱。走投无路之时，他才幡然醒悟："哎！我家本有良田，足够吃饱穿暖，何必求禄呢？如今想要回到当初的环境，也做不到了！"

就这样，卢生一觉醒来，发现自己还在旅店的床上。原来刚才做了一个梦。卢生沉思良久，才对道士拜谢道："宠辱之道，穷达之运，得丧之理，死生之情，尽知之矣。此先生所以窒吾欲也。敢不受教！"意思就是，恩宠和受辱的规律，贫穷和发达的运气，获得和丧失的道理，死亡和生存的心情，我现在全知道了。这是先生要帮我遏止欲望啊，怎么敢不接受教导呢？说完这番话，他转身离去。

卢生从这场梦中领悟到不少智慧。梦醒了，一切名利欲望都看破了。《菜根谭》中说："多藏者厚亡，故知富不如贫之无虑；高步者疾颠，故知贵不如贱之常安。"意思就是，财富聚集太多的人，他们总是在忧虑财产被人夺去，那些身份地位很高的人，总在担心自己从高处倾颠坠落，可见做官担惊受怕还不如平民过得逍遥自在。很多人获得梦寐以求的权势财富，才真正明白，如果自己喜欢的事与身处的环境背道而驰，躯体就会成为心灵的累赘，那么自由和快乐也将随之而去。

白云苍狗，富贵如浮云。世间的道理，如同春去秋来，如果我们看透了功名利禄，就会发现原来不过如此。表面上的繁花似锦，不过是过眼云烟。

莎士比亚说："再美好的事物,也有失去的一天。"在那转瞬即逝的刹那芳华面前,你又何必苦苦挽留呢?与其执着于春天的热闹,不如冷静下来,静观秋日风景,看破富贵本质,彻悟生活至理。

看破富贵本质,说起来容易,做起来很难。在现实生活中,能真正做到"不戚戚于贫贱,不汲汲于富贵"者,又有几人呢?人们劳苦终日,心里都在想着怎样一举成名,怎样升官发财,怎样飞黄腾达?说到底,大多数人都摆脱不了名缰利锁。《菜根谭》中说:"名根未拔者,纵轻千乘甘一瓢,总堕尘情;客气未融者,虽泽四海利万世,终为剩技。"意思就是,功利思想没有彻底拔除的人,即使他轻视富贵荣华而甘愿清苦生活,终究也无法逃脱名利与世俗的诱惑;一个受外力影响而不能在内心加以化解的人,即使他的恩泽遍布于四海以至流传万世,说到底也不过是一种多余的伎俩。

对于功名富贵,爱因斯坦在《我的世界观》中说:"我从来不把安逸和享乐看作是生活目的本身——这种伦理基础,我叫它猪栏的理想。""人们所努力追求的庸俗的目标——财产、虚荣、奢侈的生活——我总觉得都是可鄙的。"一个人如果以富贵享乐作为人生目标,那是一种堕落的表现,毕竟人来到这个世界上,作为个体,应以创造出高尚和卓越的事物造福人类为目标,而绝不是仅仅满足一些身体和欲望的低级趣味。

北宋文学家苏东坡曾在《满庭芳·蜗角虚名》中写道:"蜗角虚名,蝇头微利,算来著甚干忙。事皆前定,谁弱又谁强。且趁闲身未老,须放我、些子疏狂。百年里,浑教是醉,三万六千场。"意思就是,像蜗牛头上的触角和苍蝇脑袋那么微小的虚名和利益,值得你争我夺忙个不停吗?很多事情很早前都已经定下来了,谁是弱者谁是强者,岂能说得清呢?不如趁着有闲暇时间而且身心还不衰老之际,干脆放纵一下自己,抛开所有束缚,疏狂一把,尽情地逍遥自在!人生百年,即使每天喝得酩酊大醉,满打满算也就三万六千个日夜罢了。何必为了争夺一些虚名微利而丧失人生的快乐和幸福呢?

做人要有慈悲心，没有人是一座孤岛

原文

为鼠常留饭，怜蛾不点灯。古人此等念头，是吾人一点生生之机。无此，便所谓土木形骸而已。

译文

为了不让老鼠饿死，就经常留一点剩饭给它们吃；为了可怜飞蛾扑火而死，夜晚只好不点灯。古人的这种慈悲心肠，就是我们人类繁衍不息的生机。假如没有这一点儿慈悲心，人类就变成一具具没有灵魂的躯壳，不过和泥塑、木偶相同罢了。

有人或许对给老鼠留饭、为飞蛾灭灯感到大惑不解，他们心里会想："老鼠不是危害人类吗？它们偷吃人类的粮食，坏事干尽，饿死了那是活该！飞蛾也不是什么好虫，它自己愚笨，非要扑火找死，那就让它活活烧死好了！"如果你这么想，那就大错特错了。

要知道，上天有好生之德，地球上的所有生物都是生态系统的组成部分。凡任何生命降生到地球上，必有其存在的理由和价值。咱们就拿老鼠来说，对于人类有以下几点益处：

第一，老鼠吃杂食，适应力极强，繁殖力旺盛，在大自然中是蛇、鹰、狐、猫等众多动物的食物。如果没有老鼠，很多动物都将失去食物来源，必将大量饿死。可见，老鼠在整个生态系统中起到重要的稳定作用。第二，小白鼠是科学家实验的主要对象。从某种意义上说,老鼠促进了科学的进步。第三,由于老鼠喜欢偷盗和储存种子,有利于植物种族的扩散和传播,让植物有机会找到更适宜的环境来生长。第四,老鼠也是一味好药材。当然,老鼠还有其他更多的用处。

你看,小小的老鼠并不像我们认为的那样一无是处,它们也是地球上生物家族的重要成员。对于地球上每一个生命,我们都应该怀着慈悲之心对待,这是因为世界是一个整体,对此,十六世纪英国玄学派诗人约翰·多恩在诗中写道——

> 没有人是一座孤岛
>
> 可以自全
>
> 每个人都是大陆的一片
>
> 整体的一部分
>
> 如果海水冲掉一块
>
> 大陆就减小
>
> 如同一个山岬失掉一角
>
> 如同你的朋友或者你自己的领地失掉一块
>
> 任何人的死亡都是我的损失
>
> 因为我是人类的一员
>
> 因此
>
> 不要问丧钟为谁而鸣
>
> 它就为你而鸣

没有人是一座孤岛,没有一个生命是多余的,整个地球是一个家园,牵一发而动全身。我们要用慈悲之心来对待天下万物。慈悲不是软弱,不是多愁善感,而是一种人性化的体现。人之所以为人,就在于有人性。如果没有人性,人与泥土、木头没有任何区别。

英国剧作家莎士比亚认为,慈悲是高尚人格的真实标记。他曾用激动的心情如此赞美慈悲之心的意义,说:"慈悲像甘霖一样从天上降下尘世,它不但给幸福于受施的人,也同样给幸福于施与的人;它有超乎一切的无上威力,比皇冠更足以显出一个帝王的高贵;御杖不过象征着俗世的威权,使人民对于君子的尊严凛然生畏;慈悲的力量却高出权力之上,它深藏在帝王的内心,是一种属于上帝的德性。"在他眼中,慈悲比帝王的皇冠更显赫,因为它彰显的是人性的尊贵和美好。

如何培养自己的慈悲之心呢?这就需要我们有换位思考的意识,有感同身受的共情能力。南宋诗人陆游对此有着深刻的理解,他在一首诗中写道:"血肉淋漓味足珍,一般痛苦怨难伸;设身处地扪心想,谁肯将刀割自身?"

我们知道,李叔同先生是民国期间的著名高僧,他是当时音乐界、美术界、书法界的知名人士,同时还是我国话剧的开山鼻祖。后来他果断放下,投身于佛门,出家为僧,法号为弘一,人称弘一法师。弘一法师就是一个具有慈悲之心的人。

著名画家丰子恺,是弘一法师的弟子,他曾记载过这样一件事,非常令人感动。

根据丰子恺的描述,弘一法师每次到他们家中做客,在落座之前,都要轻轻摇一摇藤椅。他表示诧异,于是就询问法师。法师在藤椅上坐下来,拂了拂衣袖,淡淡地说:"这个木藤椅的小缝隙中可能藏有一些小虫子,我在坐下来之前摇一摇这木藤椅,这些小虫子自然会逃开,我坐下来就不会压死它们,以免杀生。"

如果人人都能做到这一点,世界上就会减少很多战争和杀戮,这个世界就会变得更加美好。这就是人类的"生生之机"。正因有了这样的慈悲之人存在,世界的未来才值得期待。

  一个怀有慈悲之心的人,他的生命超越了苟且和卑微,具有了人性的光辉。或许,这正是我们人类活着的其中一种意义和价值。正如美国著名诗人艾米莉·狄金森所言:

> 如果我能让一颗心免于破碎
> 我就没有白活
> 如果我能为一个痛苦的生命
> 带去抚慰
> 减轻他的痛苦和烦恼
> 或让一只弱小的知更鸟
> 回到自己的窝巢
> 我就没有白活

以万物付万物，出世间于世间

原文

就一身了一身者，方能以万物付万物；还天下于天下者，方能出世间于世间。

译文

只有跳出自我来看待自我的人，才能使万物按照本性去自由发展，使之各尽其用；能够把天下还给天下人的人，才能真正做到身处尘世却超然物外。

置身于红尘之中，很多时候我们都是身不由己，时常抱着一种迫于无奈的情绪去为人处世。不少人对待工作敷衍了事，与人相处也是委曲求全。因而，我们常常感到生活不如意，到处都是漏水的窟窿，拆东墙补西墙，总之就是补不完，心情随之越来越差。

如何从根本上解决这一问题呢？《菜根谭》为我们提供了这样的建议："就一身了一身者，方能以万物付万物；还天下于天下者，方能出世间于世间。"就是说，我们只有超脱自我，才能与天地万物相往来，才能在天下自由翱翔，如此才能体验真正的快乐。然而，大多数人整天埋头于日复一日的工作和生活中，被一种公式般的定律牢牢束缚，心灵成了身体的奴隶，逐渐僵化而麻木，谁还能体会到人生的闲适和洒脱呢？

这个时候，我们需要平心静气地审视自己，观察自我身心的变化，是变得庸俗不堪、麻木不仁，还是依然保持着那颗积极向上的初心？人生就是如此，我们在人情世故中成熟，但又在人情世故中变得俗不可耐。理想和现实之间，我们又该何去何从？不得不承认，自古以来，能够真正做到超然万物的人少之又少。在这个追名逐利的世界里，人人都在为权力、财富奔波劳碌，我们自然很难脱离其外。我们应该时刻提醒自己——每天反观自我，不要被物欲冲昏头脑，导致自己泥足深陷，不可自拔。

不执着自我，用万物的眼睛看万物，用天下的眼睛看天下，从而让自己既能做到出世的超然，又能做到入世的世俗，这才是真正的智者。我们必须知道自己在做什么，要做什么，什么事情是不该做的，千万不要为了一点儿小事而纠结不已，左思右想放不下，如此刻意执着只会让自己更加烦闷。自我固然重要，但过于自我的人，却是情商不高的表现。你可以给自己设定一周的反省期，在这周里，你需要检讨自己的言语、思想和行为，然后再跳出自我去看眼前的世界。如果你能面对苍穹，站在天地万物的角度看待问题，很多难以理解的事物就能迎刃而解了。

每个人都有自己的舒适圈，这个舒适圈会让你安逸和懒惰，渐渐养成依赖的习惯。大多数人都无法跳出自我的舒适圈，哪怕这个舒适圈开始变得不那么舒适，他们也不敢打破和离开，只能在舒适圈里让自己一天天走投无路，最后沦落到连生存都成问题。

曾经有一只青蛙和同伴们一起生活在一条小水沟里，每天都玩得十分开心。然而，由于天气大旱，事情不知不觉发生了变化。水沟里的水越来越少，食物也变得很难寻觅。这只小青蛙是一只会思考的青蛙，它在想一个严重的问题：如果水沟没水以后怎么办？到那时肯定是死路一条！不行，我要跳出这里，寻找新的家园。于是，这只小青蛙每天都朝水沟外蹦跳，一心要逃出这里。然而，其他青蛙们都嘲笑它，感觉它是傻帽一个，它们在浑浊恶臭的水沟里嬉戏玩耍，早已习惯了这种恶劣的环境。大家纷纷对小青蛙说："现在不是还有水吗？我们都活得好好的，你又有什么可着急的呢？"

一天下午，小青蛙猛地一跳，终于离开了生它养它的故乡——小水沟，跳进了距离水沟不远的一口大池塘。大池塘里的水香甜可口，而且植物茂密，浮游生物到处都是，全是美味大餐。它兴奋地呱呱叫着，告诉自己的同伴："快点儿来吧，这里是一片全新的天地！你们只需蹦跳几下就可以看到美丽新世界了。"

然而，没有一只青蛙听它的呼唤。它们正在臭水沟里昏睡呢，没有睡着的一些青蛙回答："我们从小生活在这里，早就习惯了，别的地方多可怕啊！"它们就这样懒得动弹，一直等到水沟全干涸了，它们也随之饿死。而那只跳到池塘里的青蛙，正在自由地游泳，天光云影陪伴在它的左右。

一个人只有敢于跳出自我小圈子，打破思维局限，走进广阔的新天地，才能改变人生轨迹，否则只能在腐臭的小水沟里苟活下去。有时候就是这样，在陈旧的小圈子正在挣扎的你，或许只需跳几下就能发现一片新世界，就能找到人生新的转机。如果你想放大自己的格局，在天地万物之间尽情遨游，那么就需要做到"就一身了一身"，如此方能"以万物付万物，还天下于天下"。自身之外，有着你无法想象的空间，宇宙万物尽在眼前。

随着科技的发展，人们已经可以跳出世世代代所生活的这颗蓝色星球，开始勇敢地向太空漫步了。人们站在太空看向地球，这到底是怎样一种视角和感受呢？中国航天员翟志刚从太空归来以后，对记者激动地表示，自己第一次从太空中看地球，其实是很担心的，因为在宇宙之中，地球看上去是悬浮的，他十分担心地球飘走了。另一位去过太空的中国航天员杨利伟表示，太空中的地球非常美，他感到人类非常伟大、非常了不起，人类如此渺小，但却可以离开地球，进入到太空之中。苏联宇航员加加林从太空返回地球后说，从太空中看到的地球，有着令人震撼的美。他希望全世界人民都可以保护地球，让这种美可以一直在宇宙中存在。

我们所生活的地球与浩瀚的宇宙相比，实在太渺小了。我们不可鼠目寸光，局限于自身的狭隘，而应该牢记我们人类的目标是星辰大海。或许在遥远的某一天，后世子孙们将乘坐先进的飞行器，迁徙到太空深处居住，迈进此刻的我们所无法想象的美丽新世界。

把顺境和逆境一视同仁

原文

子生而母危，镪（qiǎng）积而盗窥，何喜非忧也；贫可以节用，病可以保身，何忧非喜也。故达人当顺逆一视，而欣戚两忘。

译文

孩子出生，母亲面临危险，积累财富却引来盗贼的窥伺，哪一件令人欣喜的事不伴随忧愁呢？贫困的生活可以养成节俭的习惯，战争年代残病可以令你保全性命，哪一件忧愁的事情不伴随欣喜呢？所以旷达的人对待顺逆境一视同仁，将悲戚和欢喜同时忘掉。

福与祸，并不是恒定不变的。顺境还是逆境，也不是我们所能预料的。福中藏着祸，祸中也藏着福，所以不可一味地悲观或乐观，而是应该坦然面对福祸，笑看人生的顺境和逆境。

任何事物都隐含着对立的一面，生机和危机是辩证存在的。生机中往往隐含着巨大的危机，而在危机中同样也蕴藏着无限的机会。若能彻底理解这个道理，做到"不以物喜，不以己悲"，我们就可以自然而然地面对一切，不再盲目地高兴或忧伤了。

无论遇到什么危机情况，我们都要淡然处之，不可慌张失措。东晋时期的书法家王羲之，相信无人不知、无人不晓，他有一个"口水救命"的故事，或许可以给我们一些启发。

东晋大将军王敦，他有个著名的侄儿叫王羲之。王羲之10岁的时候，王敦经常把他带在身边，有时一同就寝。有一天，王敦早早起了床，而王羲之仍贪睡未醒。不一会儿，属下钱凤进来，王敦令身边的亲随都退下，密议叛国起兵的大事，全然忘了王羲之还睡在帐中。

王羲之在床上听得真切，原来王敦和钱凤在密谋造反之事，不由得大吃一惊。随即一想，既然自己听到，断无幸免存活的可能。怎么办？于是他灵机一动，故意吐出口水，把被褥、床头和自己的面颊吐得满是口水，然后继续假装熟睡。

王敦与钱凤密谋兴起，忽然想到侄儿王羲之还在大帐里睡觉，不由得大惊："糟了！我们密谋造反的话都被这家伙听到了，事到如今不得不杀掉这小娃了！"他拿着刀，打开帐子一看，王羲之睡得正香，脸上满是唾液，被褥都被弄湿了一大片，于是他大为放心，顿时没有了杀心，而是帮王羲之把被褥轻轻盖上。

如果王羲之没有处变不惊的气度，没有急中生智的敏锐反应，说不定早就没命了，更何谈以后的书圣呢？如果你认真欣赏他的书法，定能从中领略其淡定从容的神韵。

顺境和逆境都是人生暂时的阶段，人生正常的曲线就是高低起伏的。《庄子·则阳》中说："安危相易。"意思就是，人生中的平安与危险、顺境与逆境都是可以相互转化。顺境并不意味着可以为所欲为，更不意味着可以长久地顺风顺水，一旦出现不测，你就会陷入困境。而逆境也不是永远没有出头之日，只要你能居安思危，苦修自己的内力，就会迎来春暖花开、雪融冰消的时刻。

把顺境和逆境一视同仁，把灾祸和福乐冷静对待，这才是真正的智者之道。但在现实生活中，人们往往很难冷静思考这种福祸的转化，经常得意时忘形，失意时慌了手脚，从而把握不住危机中的机会，也意识不到成功背后蕴藏的危机。下面让我们看一个故事：

宋朝将领毕再遇在两军对垒中处于寡不敌众之势，面对敌人数万精锐骑兵，他如何带领几千人马安全脱身？他并没有惊慌失措，而是想到一个办法，命令士兵将数十只羊的后腿捆绑在树上，使羊倒悬，又在羊前蹄下放了几十面鼓。羊腿拼命踢蹬，鼓声隆隆不断，敌军只以为宋军仍在备战。毕再遇用"悬羊击鼓"的计策迷惑敌军，安全转移了。

这种临危不乱、处变不惊的能力，便是对福祸两面性的透彻理解。《商君书·战法》中说："王者之兵，胜而不骄，败而不怨。"福祸不可避免，顺逆不可预料，但我们可以选择自己的心态。只要我们能够做到冷静理智地面对，事情最终会呈现好的结果。

如果你是一个生意人，更要将顺境和逆境一视同仁。逆境并不意味着你可以放弃自己的生意，而是要善于运用反向思维，将逆境转化为顺境。在经济学中，有一个冰淇淋定律，十分值得我们思考。什么是冰淇淋定律呢？众所周知，冰淇淋是人们在夏天的最爱，一旦到了秋冬季节，顾客就会剧减。然而，一些有识之士却认为，冰淇淋的销售工作要从冬天开始。为什么？因为冬天天气寒冷，很多顾客都不愿再吃冰淇淋，即使有少量顾客，也对口味十分挑剔，这样就会逼得企业想方设法提高品质，推出多样化产品，让顾客即使在冬天也愿意品尝冰淇淋。如此一来,只要这家企业能够在冬天的逆境中活下来,那么一旦夏天到来,他们就会迎来最好的发展机遇,凭借优良的品质迅速占领市场。这就是逆境生存法则。

顺境和逆境,都是人生中的沧海一粟,不值得我们为之牵肠挂肚。无论顺境还是逆境,都需要我们付出努力。一分耕耘,一分收获,这才是世间的铁律。如果你想拥有好身材,那么就得节食和锻炼;如果你想拥有好人缘,那么就要走进人群,掌握社交法则,训练自己的亲和力;如果你想在工作和学习中获得进步,那么就要战胜懒惰和拖拉的弱点。大多数人在智商上的差别不大,最关键的是你能否怀着积极美好的心态前行,不退缩、不畏惧、不抱怨,义无反顾地直面人生残酷的挑战。

那么,我们如何以平常心看待人生成败呢?苏东坡曾写过一首叫《观棋》的诗,其中有语:"胜固欣然,败亦可喜。"其实,人生如同博弈,只要你放宽心胸,做到知足常乐,无愧内心那份恬淡,这局棋的胜负,又有多大意义呢?

第八章

拨开迷雾——人生就是悲欣交集

人生犹如迷魂阵,能跳出者又有几人?漫画家朱德庸说:"人生就像迷宫,我们用上半生找寻入口,用下半生找寻出口。"在这人生的迷魂阵里,你是否遗失了内心那片郁郁葱葱的森林?你是否丢失了曾经的爱人?你是否冷却了自己的热血,模糊了自己的容颜?

至高的智慧

原文
山河大地已属微尘,而况尘中之尘;血肉身躯且归泡影,而况影外之影。非上上智,无了了心。

译文
山河大地与宇宙空间相比,只是一粒微尘,人类更是微尘中的微尘;我们的血肉之躯相对于无限的时间来说,就像一个泡影那么虚幻短暂,外在的功名富贵更是泡影外的泡影。如果不具备至高的智慧,就很难有一颗了悟万物的心。

我们不得不承认,这个世界是不公平的,人有美丑贤愚之别。只有那些智慧的人,才能洞察真理,占据最多的社会资源,支配大多数的社会财富。然而,做到这一步,显然只是一种中智,还不是最高的智慧。最高的智者,要能认识到人生"如梦幻泡影,如露亦如电",从而看穿世界的本质,明白那不过是水花泡影,清醒地看到人生的短暂,这样才算真正明白人生的本质,懂得了生命的真谛。

山河大地是微尘,血肉身躯是泡影,功名金银也是转眼即逝,娇妻儿孙也只能陪你走一程。不管我们是如何痴迷这个世界，最终还是要离开，要进行告别，这就是"了"。所谓"了"，就是完结，就是终点，就是画一个句号。一般人纠缠于每天的日常生活，怎么可能明白这么高深的哲理？即使明白也无济于事，今天要为明天的衣食发愁。在这种状态下，我们又如何能够抛开功利之心？只能像鸵鸟一样把头埋在沙堆里自欺欺人。

如何理解"山河大地是微尘，血肉身躯是泡影"这句话呢？北宋文学家苏轼有首诗写得相当精妙，名为《和子由渑池怀旧》，节选如下——

人生到处知何似，
应似飞鸿踏雪泥。
泥上偶然留指爪，
鸿飞那复计东西。

唯有"上上智"，方有"了了心"，这是一种境界，也是一种能力。拥有上上智的人，首先要有生存的能力，改变自己的命运，让自己的生活好起来。其次才有闲暇和工夫思考世界和人生，洞察世界的本质和人生的真谛。

《菜根谭》中说："天地中万物，人伦中万情，世界中万事，以俗眼观，纷纷各异，以道眼观，种种是常，何须分别，何须取舍。"意思就是，天地间的万物，人和人之间错综复杂的感情，以及世上不断发生的事情，如果用世俗的眼光观察，就会感觉变幻不定，让人头昏目眩；如果用超越世俗的智慧双眼去观察各种事物，就会发现其本质是恒常不变的。可见，对人、对物、对事，何必一定要有分别和取舍呢？

无论如何，我们都要修炼自己的智慧。人需要智慧，犹如土地需要水一样。土地没有水，就变成了一片焦土，人没有智慧，就变成行尸走肉，成了让人驱使利用的工具。真正的智慧，除了掌握一种本领，看透世间的规律，还需要我们时刻保持谦虚的品格，保持一种好学和自制的优良作风，如此才能逆流而上，成为人生的赢家。

遍观古今成败得失，无不与智慧有关。成功者和失败者的区别是什么呢？最大的区别，就在于他们思维逻辑和说话做事的方式不同，因此境遇也就有天壤之别。劳心者治人，而劳力者治于人。而且，智者从不自认聪明，而是让对方滔滔不绝地说出自己想说的，别人说得舒爽，对他更加有好感了。但愚者却没有倾听的耐心，只顾着自己表达得畅快，不懂得从对方的角度思考，从而招致他人的厌恶和反感。

读到这里的你究竟是一个智者，还是一个愚者呢？答案由你自己回答。

天下没有不散的宴席

原文

宾朋云集，剧饮淋漓，乐矣。俄而漏尽烛残，香销茗冷，不觉反成呕咽，令人索然无味。天下事率类此，奈何不早回头也？

译文

高朋满座聚在一起，大家痛饮狂欢，真是畅快淋漓。转眼之间，计算时间的漏壶已滴尽，蜡烛已烧残，炉中檀香已焚完，香茶已冰冷，此时开始觉得方才的狂欢豪饮反而有了呕吐的感觉，令人索然无味。天下很多事情大多如此，为什么不及早回头、适可而止呢？

随着年龄的增长，我们渐渐明白一个道理——天下没有不散的宴席，世上也没有不散的朋友！朋友是让人怦然心动的字眼，然而再好的朋友也无法陪你一辈子。缘聚缘散缘如水，一路走来，我们身边的朋友也总是变幻着不同的面孔。回想一下，小时候和你在一起玩儿的朋友，现在还能联系上的有几个？小学、初中、高中时的同学，现在又有几个经常相聚的？有时候，我们常在凄冷的夜里想着当年的乐事，怀念着他们，可相聚相见却遥遥无期。

北宋文学家黄庭坚与少年好友黄几复天隔一方，在书信中写道："桃李春风一杯酒，江湖夜雨十年灯。"意思就是，当年在春风下观赏桃李，共饮美酒，如今江湖落魄，一别已是十年，常对着孤灯听着秋雨思念着你。由此可见，天下没有不散的宴席，哪怕感情再好的朋友，也会随着岁月的变迁和生活的颠簸而相忘于江湖。

在古典名著《红楼梦》中，女主角林黛玉天性喜散不喜聚。她说："人有聚就有散，聚时欢喜，到散时岂不清冷？既清冷则生伤感，所以不如倒是不聚的好。比如那花开时令人爱慕，谢时则增惆怅，所以倒是不开的好。"所以，人以为喜之时，她反以为悲，因为她考虑到了聚散不常的必然。如此思考问题，未免有些悲观。唯有平淡地看待人生聚散问题，才能看得透、想得远。相反，贾宝玉的性情则是另一个极端，他只愿大家常聚，生怕一时散场，那样就会带来无尽的悲伤。对花，他只愿常开，生怕一时谢了。这样的想法，不免过度贪恋，导致情绪起伏、悲喜交加，最终落了个白茫茫大地真干净。

在现实生活中，我们宴席上的情景也大致相同。宴会刚开始时，"琉璃钟，琥珀浓，小槽酒滴真珠红"，吃到最后杯盘狼藉，"桃花乱落如红雨"。残羹冷炙，香销茗冷，快乐的事情开始让人痛苦，大口大口地呕吐。激情释放之后，人反而更加寂寞了，品尝不到酒宴的乐趣。看看现在某些婚宴，去时喜气洋洋，宴席上开怀狂饮，结果散席之后，一片狼藉，喝醉的比比皆是，完全没了快乐的气氛，只想着赶紧醒酒，结束醉酒的痛苦。更有甚者，因为放纵过度,很多婚宴还闹出了悲剧,都是因为不懂得控制,过于放纵自己享乐的欲望。

《菜根谭》中说:"苦心中,常得悦心之趣;得意时,便生失意之悲。"意思就是,处在困苦和逆境中时,常能感受到生活的喜悦而觉得乐趣无穷;顺心得意时,因为面临着顶峰过后的低谷,往往潜藏着失意的悲伤。世事也是此理,很多人今朝有酒今朝醉,明日愁来明日愁。乐此不疲,先乐后悲,每天活在失落之中,又不情愿早早回头。这就是烦恼,也是人们难以摆脱的轮回。红尘作乐、春风得意,过程很美,但结局往往很受伤。

不管做人还是做事,我们都应牢记这个道理——凡事终有曲终人散时。转眼之间,夜静更深,热闹终究要归于寂静。我们每个人到最后都要想清楚一个问题,人生最应该珍惜的是什么。我想,无非是爱、温暖和幸福,是父母、爱人和孩子,亲人及真心相对的朋友。岁月匆匆,人生苦短,与其整天和那些势利的酒肉朋友喝得烂醉如泥,不如将自己温暖的爱意给予最爱的人,体会人间的真情,这比纵容自己的物欲,要来得更加划算与长久!

天下没有不散的筵席,每个人迟早都要面对五大别离:父母的逝世、同事的分离、知己的消失、爱人的离去、自己的消亡。我们的身边总会来来去去,无论感情多好,终究会渐渐走散。欢聚的时候犹如一场盛宴,分散别离之后,只剩下一片杯盘狼藉。不要伤感,不要沉湎于过去,让我们珍惜当下,期待未来,冷静思考,适可而止。这正是智者的智慧。

走进人群，红尘就是道场

原文

喜寂厌喧者，往往避人以求静。不知意在无人，便成我相，心着于静，便是动根。如何到得人我一空、动静两忘的境界？

译文

喜欢寂静、讨厌喧闹的人，往往避开人群以求安静。他们不知道，一旦有意避开别人，反而更加执着自身；内心刻意求静，这正是躁动的根苗。这样的做法，又怎么能够达到人我皆空、动静两忘的境界呢？

很多人喜欢安静，讨厌喧闹嘈杂，于是离开汹涌的人潮，刻意地回避身边的人和事。尽管如此，他们仍然无法让内心安静下来。为什么会这样呢？这是因为真正的静不在外界，而在内心。如果心不安定，外界再寂静，仍然摆脱不了躁动。相反，如果一个人内心安静，那么即便身在闹市街头，依然能够达到人我皆空、动静两忘的境界。

归隐田园，这是不少中国人的理想。东晋著名文学家陶渊明，为很多人做了榜样。他辞官归隐，安身立命于田园，写下不少脍炙人口的田园诗。他的诗章平淡自然、洒脱率真，流露出自己与万物融合的那份闲适和畅怀。他如此描述自己的心境："少学琴书，偶爱闲静，开卷有得，便欣然忘食。见树木交荫，时鸟变声，亦复欢然有喜。"正是这样的恬淡闲适生活，令不少现代人不禁对这位人诗人心生艳羡之情。

面对喧嚣躁动的都市,车水马龙的人潮,功名利禄的诱惑和羁绊,很多人陷入深深的困惑和苦恼之中。他们试图学习陶渊明的归隐行为,妄图逃离这样的生存环境和生活方式。为了寻求内心的宁静和自由,他们开始刻意与外界隔离,避开与人群的交往。久而久之,他们发现,自己不但没有达到预想的结果,反而适得其反,生活的烦恼一点儿不少,内心的狂躁愈加激烈,同时身边的朋友圈子也变得萎缩,原本熟悉亲切的朋友,变得陌生而不可亲近。甚至有些人的生活开始举步维艰,自己也变得终日寡言少语,心情抑郁,工作和生活都受到严重干扰。

每个人都避不开人情世故,处在这个社会中,每个人都不可避免地要和周围的人和事打交道,否则我们又如何生存立足呢?除非你是富豪,这辈子有用不完的钱财任你挥霍,否则我们注定不能离群索居。必须正视的现实是,遗世而独立只不过是一种幻想罢了!我们要牢记——宁静与闲适,并非通过外界获取,而是根植于自己的内心。

如果你想求得真正的安静,不必从外界苦苦寻觅,红尘就是最好的道场。如果自己的内心躁动不安,即使你到寂静无人的空谷隐居,同样静不下来。如果你连自己的心都静不下来,何谈动静两忘的最高境界呢?

所以,修道不必隐身名山古刹,只需走入人群,用日常事务来打磨自己的心性,不知不觉你就抵达了一种超然的境界。

明朝思想家王阳明说:"人须在事上磨,方立得住,方能静亦定,动亦定。"一个人要想提高自己的思想境界,不是躲起来,而是走进世俗人群,在做人做事中磨炼自己,让自己想得清、立得住,静若处子,动若脱兔。记住,任何一件事都是对自己心性的考验、才华的检阅,渐渐地你就会成为一个内心平静的人。

这辈子都要谨记的两个字

原文

盖世的功劳,当不得一个矜字;弥天的罪过,当不得一个悔字。

译文

即便你拥有盖世的丰功伟绩,也承受不了一个骄矜的"矜"字,假如因此而骄傲自满,就很容易要栽跟头;不少人犯了天大的过错,也挡不住一个悔恨的"悔"字,只要彻底地忏悔和改正,或许就能赎回自己以前的罪过了。

一个人想活得平平安安、顺风顺水,要牢记两个字。

哪两个字呢?《菜根谭》给出了很好的答案。第一个字是"矜",骄傲炫耀的意思。一个人不管取得多大的成绩,只要骄矜起来,灾祸也就如影随形了。第二个字是"悔",一个人不管犯了多大的过错,只要真心悔改,就还有挽救的希望。

骄矜是人生事业的大忌。如果一个人稍微有点儿成绩就翘尾巴,开始目中无人,很难想象他在事业上能长远走下去,所获得的荣耀也只能昙花一现罢了。在历史上,居功自傲向来都是灾祸的源泉,这样的例子不胜枚举。思想家老子,主张建功而不居功。他在《道德经》第九章中说:"富贵而骄,自遗其咎。功遂身退,天之道。"富贵是人人羡慕的好事,但如果因富贵骄横无礼,那就是为自己种下祸根。真正高明的做法是——功成名就之后不居功、不贪位,做到谦虚退让。这样做才符合天道规律,可以让你更容易获得平安和幸福。否则即使有再大的功劳,你的骄矜也会将成就毁于一旦。

秦国丞相李斯,为大秦帝国的统一立下了汗马功劳,可谓居功至伟。然而秦始皇去世以后,他却鬼迷心窍,骄矜自己的功劳,期望可以长久地保存自己的地位,于是与赵高合谋篡改诏书,将原本要传给大儿子扶苏的皇位传给了胡亥。胡亥上位不久,李斯因位高权重沦为阶下囚,并要在咸阳的街头被施行腰斩的酷刑。临行前,他流着眼泪对二儿子说:"我好想和你一起回到咱们上蔡老家,牵着黄狗,出东门打猎去,快乐地追逐着野兔。如今还能这样吗?"

你看,在生命最后的时刻,李斯渴望做一个平凡、自由而快乐的普通人,但时光却不能倒流了。如果李斯能够牢记"矜"字,让自己不要骄矜,不要居功自傲,不要贪图更多的荣华富贵,而是能够功成身退,那么在历史上必将留下让众人称颂的美名。作为帝国的幕后操盘手,他的地位不会低于张良、诸葛亮、刘伯温等人。真是令人感慨万千啊!

悔是一把刮骨疗毒的钢刀。法国著名思想家卢梭说:"在春风得意之时,悔恨酣然沉睡,而在困苦潦倒之时,它会带着痛楚的知觉醒来。"悔恨意味着我们开始清醒,开始变得聪明起来。一个人只要肯真心悔过,他就拥有了更多的智慧和力量。

商朝时,中华大地遭遇七年大旱,当时的大王商汤请太史占卜。太史占卜之后说,上天怪罪了,应该杀个人来祭天。商汤听后,表示愿用自己祭天。于是他剪发断爪(指甲),历数自己六条罪状,准备牺牲自己。话才说完,方圆几十里就降下大雨,解除了旱情。

这个故事是古书上记载的传说，虽然有迷信的成分，却传达出一种态度，一种责任。这正是"仁"的表现。

俗话说："浪子回头金不换，衣锦还乡做贤人。"曾经犯下过错的人，假如能够彻底地忏悔，洗心革面，重新做人，那么这种行为比金子都宝贵。飞黄腾达之后衣锦还乡，千万不要飞扬跋扈、骄横炫耀，而要做一个贤良之人，多做对家乡有益的事，这样人们才会拥戴你。

浪子回头，决心做个好人，将给整个社会带来良好的示范效应。一个懂得悔过和反省的人，其内心是非常强大的。上到王侯将相，下到芸芸众生，都有可能会犯错，但犯错本身并不可怕，可怕的是没有悔过之心，不能真心地检讨和反省。

汉武帝是历史上有名的皇帝，他的一生霸气冲天，与匈奴决战到底，为大汉王朝开疆拓土，打出了赫赫威名。然而，万事万物都是有两面性的，穷兵黩武一方面提高了大汉的国际地位，同时也消耗了国家大量的财富。等到他晚年时，国内已经民不聊生了。这时的汉武帝，深刻认识到了自己的错误，于是他做了一件格局很大的事情——下了一封"罪己诏"，明确向天下人宣示自己犯了罪过，要惩罚自己，以后要改过自新，让全国人民监督。皇帝的忏悔，感动了天下百姓，凝聚了民心，开始了又一次休养生息。等到他的孙子汉宣帝继位时，大汉帝国重新恢复了强大。

汉武帝不愧是千古一帝，能屈能伸。他敢于直面自己的错误，敢于向全国人民忏悔和检讨，这种勇气突显了他的大格局。

为什么汉武帝要把自己的过错昭告天下呢？他默默地记在心里不就行了吗？关于这一点，明代思想家王阳明说："悔悟是去病之药，然以改之为贵。若留滞于中，则又因药发病。"意思就是，悔悟是去病的良药，最宝贵的是知道改正。如果只是把悔恨留在心里，又会因为药本身而生病了。的确如此，说出来让人家监督，一起努力改正。如果只是在心里悔恨，天天惭愧自责，就很容易抑郁消沉。

那么，如果有人指出了自己的过错，我们应该怎么办呢？是拼命还是掩饰呢？南宋哲学家陆九渊说："闻过则喜，知过不讳，改过不惮。"意思就是，听到别人指出自己的过错应该感到高兴，知道自己的过错应当毫不避讳，改正过错需要勇气，不要有丝毫胆怯。如果做到了这些，为人处世就会顺利很多。人生重在体验和经历，一个人只有真切地哭过，绝望地累过，钻心地痛过，无言地悔过，此生方算完整。

然而，"悔"并不是万能灵药，有些错一旦犯下，就没有回头路了。正所谓"一失足成千古恨，再回头已是百年身"。到那时，再多的忏悔也无济于事了。

让烦恼飞，其实很简单

原文

斗室中，万虑都捐，说甚画栋飞云、珠帘卷雨；三杯后，一真自得，唯知素琴横月、短笛吟风。

译文

住在斗室之中，世间一切忧愁烦恼全都消除，还需要什么雕梁画栋、飞檐入云、珍珠帘子像雨珠般卷起那样奢侈的住所呢？三杯老酒下肚，纯真的本性安然自得，只知在月光下弹着古琴，吹奏短笛，在风中如泣如诉，人生快乐无限。

我们的烦恼太多，原因就在于做得太少，想得太多。每天不是担心这儿，就是忧虑那儿，从来没有坦然地面对过外界事物。所以，如果心安神定，就算住在斗室之间，依然快乐无边；如果心中焦虑不安，就算住着别墅，开着豪车，脑海里全是乱七八糟的事，同样也会痛不欲生。"素琴横月，短笛迎风"，忘却烦扰俗虑，这才是生活的至高境界。哪怕身居斗室，在孤独的寂静里，没有世间的烦恼缠身，同样是人间至乐。

如何才能达到这种境界呢？《菜根谭》告诉我们，一个人需要减少思虑，意念专一，排除干扰，让思想回归自然，让本性呈现。具体来说，就是一个人要有高雅的情趣，而不是只求物欲的满足。人一旦缺乏高雅的追求，就会被物欲纠缠，产生无穷烦恼。像这样的人，你就是给他金山银山，享受荣华富贵,他也不会快乐的。

有一个村庄,人们都在忙碌耕种的时候,但有一个农夫却无动于衷。人们问他:"大家都在忙着种麦子,你为什么不种呢?"农夫回答说:"我担心播种以后不下雨。"当人们都在播种棉花的时候,这个农夫仍然什么都不干。人们问他:"你为什么不种棉花呢?"他回答:"我担心虫子会吃。"人们实在无语了,只好问他:"你的田地上到底种了什么呢?"这个农夫回答:"什么都没种。因为总有事让我担忧,我要等到完全安全的时候再种点什么。"

有一个老人,用扁担挑着大筐走在路上,筐里装满了瓷碗、瓷罐什么的,原来他是走乡串户贩卖瓷器的。走着走着,突然一个瓷碗掉出来摔得粉碎。路人一阵惊呼,但老人却无动于衷,头也不回地继续踏步前行。人们感到不可思议,问他:"你的瓷碗摔碎了,为什么你连看都不看一眼呢?"老人回答:"反正碗已经碎了,就算回头看一百次也没用。与其担忧,不如继续前行。"

你看,一个思虑过多的人,常常把自己的人生复杂化。明明活得很好,未来光明,他却总是忧心忡忡。这样的人,深陷物欲的烦恼和未来的担忧之中,怎么可能实现心灵的突破呢?

我们如何才能减少思虑,寻得内心的真性情、真快乐呢?首先,我们不能太把日常生活中的烦恼当回事。遇到烦恼之事,静一静,想一想,客观地分析利弊。不要夸大问题,自己吓自己,甚至造成心理阴影。就像那位商人一样,明明生意很好,他却担心还没发生的未来,以至于过度忧虑,让自己走进一条精神恐惧的不归路。其次,就算危机真的来了,我们也应站在另外的角度去思考,以此减轻内心的忧虑。要知道,"危机"就是危险中蕴藏着机会,再坏的事情也总有转机,就算天塌下来,又能怎样?

只要我们保持着乐观豁达的心态,内心的思虑就能烟消云散。这样一来,我们的脑袋既不会因为思虑太少,单纯到愚蠢的境地,也不会因为思虑太多，复杂到焦虑不堪的地步。如此思考人生，才是一个完美的平衡状态。

生存是一场战斗，而生活则是一门艺术。素琴横月，短笛迎风，无需豪华的居室和奢靡的衣食，只要没有太多的忧虑和烦恼，就足以告慰平生。正如宋代名园沧浪亭石柱上的一副对联所言："清风明月本无价，近山遥水皆有情。"清风明月都是人间非常美好的东西，它们都是免费的，不需花费金钱就能享受到。天地有大美而不言，你能否感受到其中的大美和真趣，关键是你能否用一种素淡的心情去体味。

跳出人生的"迷魂阵"

原文

鱼得水逝，而相忘乎水；鸟乘风飞，而不知有风。识此可以超物累，可以乐天机。

译文

鱼有了水，才能优哉游哉地游，但是它们忘记了自己正置身水中；鸟乘着风力才能自由自在地飞，但是它们却不知道自己正置身风中。人如果能识破此中道理，就可以超越物欲的负累和诱惑，从而洞察天机，尽享人生乐趣。

鱼在水中，鸟在风中，人在欲望中。我们每天都在欲望中挣扎、折腾，但却看不到欲望的存在。鱼摆脱不了水，鸟需要借助风的力量，人同样需要欲望的刺激。在某种程度上说,欲望也是人类社会前行的助力之一。

然而,鱼不知道,水的外面还有更辽阔的世界;人不知道,在欲望中浸泡太久会扭曲变形,迷失自我本性。当局者迷,旁观者清,我们唯有摆脱欲望的迷局,跳出囚禁自我的小圈子,才能看到生命的博大和丰富,才能看到这个世界的美好,以及生命的真意。

鱼的一生都逃不出水的限制,而人则不一样,人是万物之灵,有智慧有头脑,可以有更高层次的思考,可以跳出自己的圈子看世界。乘坐交通工具,人们可以周游世界;随着科技的发展和进步,宇航员可以在太空欣赏人类生存的这颗蓝色星球。这是一个多么神奇而独特的视角啊!以这样的角度看世界,必将有更深刻的认知。

著名诗人北岛曾经写过一首最短的诗,诗的名字叫《生活》,内容只有一个字:网。生活就像一张网,我们活在其中,就像鱼活在水中。纵观芸芸众生,每个人都在为生活奔波,整天为鸡毛蒜皮、吃喝拉撒而操心犯愁,在名利欲望的包围下压抑得几乎喘不出气来。多少人就这样浑浑噩噩、醉生梦死地活着,工作时身心俱疲,回到家就开始在床上躺平,刷着短视频度过完空虚无聊的一天。不知不觉,人就这样老了,一生就这样结束了。

每个人都不可避免地深陷欲望的尘网之中,剪不断理还乱,茫然不知今夕何夕。可以说,人生就像迷魂阵。什么是迷魂阵呢?请看下面的解释——

迷魂阵是一种捕鱼的"工具",渔民们七缠八绕,做了一个巨大的渔网迷宫,入口放着又香又浓的诱饵。在欲望诱惑下,鱼儿一个接一个游进迷魂阵。它们游来游去,晕头转向,再也找不到回家的路,只能朝着迷魂阵的深处游去。等它们发现真相,已经注定要成为桌案上的一道美餐。

人生难免遇到迷魂阵,一旦进去就很难出来。漫画家朱德庸说:"人生就像迷宫,我们用上半生找寻入口,用下半生找寻出口。"我们身不由己地迈进了迷宫深处，从此每个人都在自己人生的迷宫中寻寻觅觅，有些人找到了出口，有些人到死还在困惑碰壁，找不到出口的位置。

置身于迷魂阵中的人很多，但最终的命运却各不相同。村上春树在《挪威的森林》中写道："每个人都有属于自己的一片森林，也许我们从来不曾走过，但它一直在那里，总会在那里。迷失的人迷失了，相逢的人会再相逢。"在这人生的迷魂阵里，你是否遗失了内心那片郁郁葱葱的森林？你是否丢失了曾经的爱人？你是否冷却了自己的热血，模糊了自己的容颜？

从童年到少年，从少年到青壮年，有的人就这样在欲望的迷魂阵中渐渐迷失自己的方向，不知道自己活着的价值和意义何在，就这样一天天耗费着自己的时间和精力，身心俱疲但又不可逃脱。怎么办？如果总是盯着香饵，必然看不见天上的飞鸟和路边的花草。唯有提高自我的修养和境界，在诱惑面前保持清醒的头脑，同时放慢脚步，丰盈自己的内心，我们方能品尝人间真味。

唐代诗人李贺说："我有迷魂招不得，雄鸡一声天下白。"意思就是，我有迷失的魂魄无法召回，但我深信——雄鸡一叫，天下必定大亮。如果我们的魂魄在欲望的迷魂阵中迷失了，那么请让心中那只雄鸡长鸣，从此唤醒自我，彻悟天机，活出逍遥快乐的人生！

第九章

克服人性弱点,找回迷失的真我

古希腊哲学家德谟克利特说:"动物如果需要某样东西,它知道自己需要的程度和数量,而人类则不然。"只要有机会,人人都可能被欲望驱使。这是人性的弱点。所以,人情世故不是请客吃饭这么简单,关键是你能否克服自己人性中的弱点,找回迷失的真我。

人性弱点——嗜欲如猛火

原文

生长富贵家中,嗜欲如猛火,权势似烈焰。若不带些清冷气味,其火焰不至焚人,必将自烁矣。

译文

在富裕显贵环境中长大的人,所养成的嗜好和欲望如猛火一般强烈,所拥有的权力和势力像烈焰一样灼人。倘若不培养一些清冷的情调加以抑制,这种火焰即使不至于烧着别人,也必然烧到自己。

一个生在豪富权贵之家的人,拥有过多的物质享受,往往会滋生一些不良嗜好。在现实生活中,纵观众多富家子弟,有的性格懦弱、胆小怕事,有的嚣张跋扈、颐指气使,有的刚愎自用、目中无人,有的残忍暴戾、作威作福……这些无不昭示着物质条件过于丰厚的负面作用。

小说《红楼梦》中有这样一个情景:刘姥姥二进大观园的时候,给荣国府算过一笔账,只桌上的一顿饭就花了二十两银子,不由得口呼"阿弥陀佛",感叹"这一顿的钱够我们庄稼人过一年了"。原文是这么写的——

周瑞家的道:"早起我就看见那螃蟹了,一斤只好秤两个三个,这么两三大篓,想是有七八十斤呢。"周瑞家的又道:"若是上上下下,只怕还不够。"平儿道:"那里都吃?不过都是有名儿的吃两个子。那些散众的,也有摸得着,也有摸不着的。"刘姥姥道:"这样螃蟹,今年就值五分一斤,十斤五钱,五五二两五,三五一十五,再搭上酒菜,一共倒有二十多两银子。阿弥陀佛!这一顿的钱,够我们庄家人过一年的了。"

贾府一顿饭够刘姥姥一家五六口人的一年开销,可见奢侈到什么程度。不过,这还不算离谱的,刘姥姥还吃了一道茄子做的菜,非常美味可口,于是问这道菜是怎么做的,凤姐的回答让刘姥姥大开眼界,几乎惊掉了下巴。

下面请让我们一起看看富贵人家的奢侈吃法——

凤姐儿笑道:"这也不难。你把才下来的茄子把皮刨了,只要净肉,切成碎钉子,用鸡油炸了,再用鸡肉脯子合香菌、新笋、蘑菇、五香豆腐干、各色干果子,都切成钉儿,拿鸡汤煨干,将香油一收,外加糟油一拌,盛在磁罐子里封严,要吃时拿出来,用炒的鸡瓜子一拌,就是了。"刘姥姥听了,摇头吐舌说:"我的佛祖!倒得十来只鸡来配他,怪道这个味儿!"

贾府里的公子哥们,每天被如此奢侈的物质生活腐蚀着,逐渐丧失了斗志,心中充满欲望,整日勾心斗角,甚至就像焦大所骂的那样:"要往祠堂里哭太爷去,那里承望到如今生下这些畜生来!每日偷狗戏鸡,爬灰的爬灰,养小叔子的养小叔子,我什么不知道?咱们'胳膊折了往袖子里藏'!"当年跟着贾府老太爷在战场上出生入死打家业的焦大都看不下去了,恨铁不成钢。之所以会出现这种情况,就是因为在富贵家中,欲望就像猛烈的大火,疯狂蔓延,不可遏止。

西汉文学家刘向说:"嗜欲者,逐祸之马也。"如果一个人或一个家族被欲望掌控，那就意味着大祸临头了。中国历史上，不乏一些位极人臣的王侯将相，他们得到了尊贵荣耀，功名利禄样样不缺，可仍旧不知满足，得陇望蜀。欲望的魔手企图伸向权力的最高层，妄图谋反篡位，最终落了个身首异处的下场。

欲望，是人的本性。人有了欲望，才会有理想，才会为实现自己的理想去拼搏、去奋斗。所以，欲望是一个人实现自我价值的动力之一。可凡事都有一个限度，欲望若是太盛，就会被财欲、权欲、色欲迷了心窍，最终被欲望所害。古希腊唯物主义哲学家德谟克利特说："动物如果需要某样东西，它知道自己需要的程度和数量，而人类则不然。"由此可见，追求欲望没有错，错的是欲壑难填，没有底线。

如何才能消除心头的欲望之火呢？诸葛亮有句话说得很好："非淡泊无以明志，非宁静无以致远。"这里有两个关键词，一个是淡泊，一个是宁静。人的一生，若能活得素和简，那就更易明确自己人生的志向和目标，在宁静中前行，更易把你送到想去的远方。正如苏轼在诗中写道："人间有味是清欢。"大鱼大肉并不是人间真正的美味，一碟清淡的小菜里可能藏着人生的真正滋味。

英国戏剧家萧伯纳说："生活中有两个悲剧：一个是你的欲望得不到满足，另一个则是你的欲望得到了满足。"一个人若是一生庸庸碌碌，固然遗憾；但欲望太盛，被欲望迷失了自我，亦非好事。所以在工作和生活中，我们要适当地控制自己内心的欲望，不要让它越界。要知道，欲望之火越烧越旺，最终烧掉的就是自己。

超凡入圣的条件——人生没什么不能放下

原文

放得功名富贵之心下,便可脱凡;放得道德仁义之心下,才可入圣。

译文

一个人若能放下功名富贵的功利心,就可以超越凡俗;一个人若能摆脱仁义道德等教条的束缚,就可以进入圣贤的境界。

功名富贵的诱惑,就像一把枷锁,牢牢锁住了我们的精神,成为我们的思想负担,使我们很难冲出名缰利锁的樊笼。只有放下功名富贵之心,我们才能摆脱世间俗物对于心灵的影响,方能领会世间真正的快乐,才能朝着更高的人生境界发展。

民间传说,清朝的乾隆皇帝特别喜欢下江南,有一次到了金山寺,在寺前闲眺,遥望长江千帆竞渡,往来穿梭其中,便问寺内方丈:"江中有船几许?"方丈回答:"不过两船而已,一艘为名,一艘为利。"

由此可见,名利影响着这个世界,大多数人都无法放下名利的诱惑。关于名利,西汉司马迁在《史记·货殖列传》中说:"天下熙熙,皆为利来;天下攘攘,皆为利往。"可见,汲汲营营于名利,是古今世人共同的追求。

然而,名利也是杀人的钢刀。历史上众多王侯将相,因名利而殒身者比比皆是。人总是控制不住自己内心的欲望,最终被名利羁系了一生,变得整日浑浑噩噩,俗不可耐。关于欲望,《红楼梦》里的《好了歌注》说得好:

陋室空堂,当年笏(hù)满床;衰草枯杨,曾为歌舞场。

蛛丝儿结满雕梁,绿纱今又在蓬窗上。说什么脂正浓、粉正香,如何两鬓又成霜?

昨日黄土陇头埋白骨,今宵红灯帐底卧鸳鸯。

金满箱,银满箱,转眼乞丐人皆谤。

正叹他人命不长,那知自己归来丧!

训有方,保不定日后作强梁。择膏粱,谁承望流落在烟花巷!

因嫌纱帽小,致使锁枷扛。昨怜破袄寒,今嫌紫蟒长。

乱烘烘你方唱罢我登场,反认他乡是故乡。甚荒唐,到头来都是为他人作嫁衣裳!

你看,手拿笏板(古代大臣上朝时手上所拿的竹板/玉板或象牙板,可以用于记事)上朝的大臣住宅,如今变成了陋室空堂,歌舞场变成了野草丛生的荒地,达官富人的豪宅成了无人居住的废墟,长满蛛丝,无人问津,不复当年的繁华和热闹。当年曾金银满箱,到处被人奉承和夸赞,谁知转眼之间沦落为乞丐,人人都开始诽谤说坏话,世态炎凉令人寒心!正在讨论别人命不长,谁知大祸降临,丧事落到自个儿头上。对儿子教训有方,说不准长大以后做强盗。对女儿百般呵护,好吃的好穿的宠着她,谁能想到长大以后沦落到烟花巷。更有些人嫌弃自己的乌纱帽太小,开始为非作歹,结果扛上枷锁。也有些人昨天穿着破棉袄被冻得瑟瑟发抖,今天就开始嫌身上的华丽官服太长了。这个世界就像一个大舞台,你唱完之后我再登场,一个个都在欲望中迷失,把别人的家园认作了自己的故乡。这是多么荒唐的事情啊,到头来我们的一生都在为他人做嫁衣裳。

关于功名富贵,还有一首词,表达的也是对功名富贵的深刻理解。词牌名是《西江月》,作者是明代著名文学家杨慎,就是《三国演义》开篇词的作者。具体内容是这样写的——

道德三皇五帝,功名夏后商周。五霸七雄闹春秋,秦汉兴亡过手。
青史几行名姓,北邙无数荒丘。前人田地后人收,说甚龙争虎斗。

功名富贵正如过眼云烟,无论是三皇五帝的道德,还是夏商周的功业,以及五霸七雄、秦始皇、刘邦、项羽等人,他们都为了争夺功名富贵闹腾了一辈子,无非是在历史上留下几行姓名,在北邙山留下一座座坟丘。其最后的结果,都是为后面的人做嫁衣裳,正所谓,前人田地后人收!你看,这话说得多么透彻,可谓一针见血!如果你能看破其中玄机,就进入了超凡入圣的境界,获得了一种神游万物的自由精神。

然而,对世俗之人来说,"放下"这两个字,说起来容易,真正做到却很难。"放下"的智慧,多出现于哲学中。老子曾说:"五色令人目盲,五音令人耳聋。"强调追求声色犬马,容易让人迷失。儒家讲:"知止而后有定,定而后能静,静而后能安,安而后能虑,虑而后能得"。"止",即停止,也就是放下。

一个人如果懂得放下和割舍,事态就会朝着对你有利的方向发展。比如,在为人处世中,你比别人更愿意吃亏,更愿意分享,不因一些鸡毛蒜皮的小事而斤斤计较,你将因此赢得一个良好的口碑,人际关系也会越来越广,人生会越来越顺。

放下功名富贵之心,放下仁义道德的教条绑架,不为追求虚名而招致实实在在的灾祸,这才是真正的大智之人。我们要牢记,一定要学会节制自己的欲念,面对让自己怦然心动的欲望,能够以一种平和淡然的态度去应对。谁又能知道,诱惑的背后,到底是不是陷阱呢?

人生当断就断,永远没有最好的时机

原文

人肯当下休,便当下了。若要寻个歇处,则婚嫁虽完,事亦不少,僧道虽好,心亦不了。前人云:"如今休去便休去,若觅了时无了时。"见之卓矣。

译文

人不论做什么事,在该罢手不干时,就要下定决心结束。假如犹疑不定想找一个好时机,那就像男女结婚,虽然完成了终身大事,以后家务和夫妻儿女之间的问题还是很多。别以为和尚道士好当,其实他们的七情六欲也未必完全没有。古人说得好:"现在能罢休,就赶紧罢休。如果说找个机会罢休,恐怕你就永远没有罢休的机会了。"这的确是一句极为高明的见解。

犹豫不决是人性的弱点。做人做事,就怕欲走还留,斩不断理还乱。所以,遇到一些棘手的事情,我们一定要该了就了,当断则断。

有些事情,如果你认为当停止时,就要马上停止,别再让麻烦继续,避免影响自己的工作和生活，如此才能做事顺利，品尝人生真味。就像跟朋友聚会一样，如果非要等个清闲时间大家聚一下，你会发现很难有这样的机会。公事完了还有私事，各种事务是永无尽头的，所以硬是等待，什么时候都不会有结果，所以我们必须自己果断地做出取舍。

提起大名鼎鼎的弘一法师，相信很多人都有深刻的印象。弘一法师原名李叔同，是民国时期公认的奇才。他是中国新文化运动的先行者，而且多才多艺，精通文学、书法、诗词、音乐、油画、话剧等。他的人生有多种角色，每种角色他都用心演绎，影响后世。著名的社会活动家赵朴初曾如此评价弘一法师——

深悲早现茶花女，
胜愿终成苦行僧。
无尽奇珍供世眼，
一轮圆月耀天心。

他早年在话剧社表演过茶花女这一角色，后来决心礼佛，成为一名苦行僧。他的所作所为犹如一轮圆月高悬在天心，照耀着芸芸众生。关于弘一法师的做人做事态度，他的学生丰子恺曾如此评价他——

李先生一生的最大特点是"认真"。他对于一件事，不做则已，要做就非做得彻底不可。

他出身于富裕之家，他的父亲是天津有名的银行家。他是第五位姨太太所生。他父亲生他时，年已七十二岁。他堕地后就遭父丧，又逢家庭之变，青年时就陪了他的生母南迁上海。

在上海南洋公学读书奉母时，他是一个翩翩公子。……弘一法师由翩翩公子一变而为留学生，又变而为教师，三变而为道人，四变而为和尚。每做一种人，都做得十分像样。好比全能的优伶：起青衣像个青衣，起老生像个老生，起大面又像个大面……都是"认真"的原故。

弘一法师的做人做事态度到底是什么呢？就是认真和彻底。他任何一次转变都是彻彻底底，绝不拖泥带水，绝不含糊其辞，蒙混过关。他是做什么像什么，一定要彻底到位才行。对弘一法师而言，人生没有什么不可放下，没有什么不可了断。

有些不必要的人可以不见，有些不必要的事可以不做，有些思想上的包袱不要总是背在身上。我们不能被动地等待，而是要主动丢掉，狠下心来断舍离。不然，我们就会一直活在麻烦之中，没完没了地做思想斗争，精神陷入内耗，总也断不掉这些烦心事。

翻阅历史，我们就会发现很多功臣名将因贪恋功名而被诛杀。如果不能及时断舍离，有时后果就是这么严重！功名和权势，总是充满强烈的诱惑，让人沉浸其中。大家都很钦佩东晋陶渊明不为五斗米折腰的精神，欣赏西汉张良看破世事而退隐山野的选择，但轮到自己又当如何呢？人们总是说着容易做着难，于是就藕断丝连、永无休止。

关于这一观点，《红楼梦》中的《好了歌》，也有类似的描述——

世人都晓神仙好，惟有功名忘不了，
古今将相在何方？荒冢一堆草没了。
世人都晓神仙好，只有金银忘不了，
终朝只恨聚无多，及到多时眼闭了。
世人都晓神仙好，只有娇妻忘不了，
君生日日说恩情，君死又随人去了。
世人都晓神仙好，只有儿孙忘不了，
痴心父母古来多，孝顺儿孙谁见了？

《好了歌》言辞通俗，内涵丰富，告诉我们人生该了的时候必须得了，该断的时候就要断，如此方可从红尘中超脱出来，收获大彻大悟的人生智慧。《红楼梦》中对此给出的结论是："世上万般，好便是了，了便是好。若不了，便不好，若要好，须是了。"了断是幸福的必备法宝，如果纠缠不放，那么就会陷入烦恼之中。

　　《菜根谭》中说："如今休去便休去，若觅了时无了时。"这正是一种高明的人生态度。我们身边有些人，每天像一匹马，围绕着木桩转圈，停不下来，被名所累，被利所困，最终掉进名利的大网中不能自拔。他们明明知道工作很累，身体透支严重，需要休息，但就只在嘴上说说，不见行动。有多少人能像陶渊明那样，不恋功名而毅然回归田园呢？几千年的历史下来，很少有人可以做到，总是欲走还留，欲罢还休。

　　从古至今，只有那些明达事理的非凡人物，才能看透这一关。他们一旦了悟，万事都可以罢休，没什么值得计较的。在选择面前，他们当断则断，绝不犹豫，所以才能成就大事，又可以退得潇洒。这才是智者的人生态度和处世哲学，值得我们思考和学习。

不浮躁的智慧——静坐冥想让你返璞归真

原文

人心多从动处失真。若一念不生,澄然静坐,云兴而悠然共逝,雨滴而泠然俱清,鸟啼而欣然有会,花落而潇然自得。何处无真境,何物无真机?

译文

人的心灵大多从躁动处失去本真。假如杂念不生,做到静坐凝思,一切念头都会随着天际的白云悠然消逝;伴随着雨点的滴落,心灵会被洗涤得清爽干净;听到鸟语呢喃,就会欣喜地心领神会;看到花瓣飘落,就会有一种悠然自得的心情。天地之间哪里不是美妙仙境?哪一种事物不蕴含着天然的生机呢?

为什么人心会浮躁不安呢?从本质上说,源自世人过于旺盛的功利心。世人给自己定的目标太高,但一时之间又完不成,于是就开始心浮气躁起来。打一个比方,浮躁就像一只猛撞玻璃窗的蜜蜂,它的前途看似一片光明却无路可走,为了看得见却得不到的光明,一次又一次撞击,一次又一次抗争。其热血的精神令人敬佩,但其愚蠢的行为令人可怜!蜜蜂的愚蠢在于过于浮躁,丧失了智慧和理智,迷失了自己的方向。

浮躁犹如海市蜃楼,看上去虽然美好,却是空幻的,靠近后只会失望。浮躁又像一只离群的狮子,茫然四顾,徒然长啸。有人忙忙碌碌一生,到最后,才发现自己做了一个虚幻的梦,一直走在错误的路上。在这个过程中,青春和热血都白白浪费了。

那么,我们如何才能去除浮躁,寻回真我呢?《菜根谭》给出的解决方案是澄然静坐。用现代的白话来说,就是静坐冥想。静坐冥想是一种凝聚心神的方法,它可以帮助你训练感知力、专注力、想象力,放松神经,疗愈身心疾病。一般做法是:闭上眼睛,让呼吸富有节奏,自然而舒缓。暗示自己放松,或者让自己在脑海里想象各种情景,让自己成为旁观者,来观照自己的身体和人生。通过这种方式,你的感官系统将更加敏锐。雨水滴落的声音,鸟儿的鸣唱,以及微风吹动,一切都有了别样的感觉。有人在静坐冥想之后,重新认识了自我,认识了这个世界,明白了自己的本性和方向。

关于静坐冥想的作用,曾经有这样一个故事——

我国著名的文学家、历史学家、书法家郭沫若,年轻时的身体十分虚弱。这是因为他在年幼时曾得过重病,后来在日本留学期间又不慎感染伤寒。然而,在先天不足、后天受损的情况下,郭老最后却享有87岁的高龄。他的养生秘诀到底是什么呢?其中重要的一个原因就在于他长期坚持静坐养生法。

郭沫若的静坐养生习惯开始于1914年初,那时他正值日本留学期间。由于学习压力太大,他患上了严重的脑神经衰弱,总是感到莫名的心悸、乏力、失眠多梦,而且记忆力大大下降。为此他陷入痛苦悲观之中,精神濒临崩溃的边缘。不过好在天无绝人之路,1915年9月的一天,郭沫若无意中来到东京一家旧书店,发现一部《王文成公全集》。王文成公即明代的思想家王阳明。翻阅之后,他爱不释手,不惜以重金购买连夜拜读。在书中,郭沫若读到王阳明以"静坐法"调养身体的文字,于是他自己也开始尝试静坐。每天早上起床后和夜晚临睡前,分别静坐30分钟。效果立竿见影,不到半个月时间,郭沫若的失眠症就好了,而且连胃口也变好了。

对于静坐的作用,郭沫若如此写道:"静坐于修养上是真有功效,我很赞成朋友们静坐。我们以静坐为手段,不以静坐为目的,是与进取主义不相违背的。"由此可见,从古至今静坐都是中国人调理身心的有效方式之一。

俗话说:"静能生慧。"静坐冥想是生出智慧、调整心态的好办法。在静坐冥想中,我们可以让身心彻底放松,直面真实的自己。静坐冥想之后,你的头脑将非常清醒、干净和敏锐。

有人曾这样描述自己静坐冥想的感受,他说:"如果你坐下来观察,就会感觉到大脑是多么不安。如果你试图让它静下来,它反而会使事情变得更糟,但随着时间的推移,它会平静下来。当它平静下来后,你的直觉开始绽放,你能够更清楚地看待事物,更多地去关注当下。思维慢下来,你将比以前看到更多!这是一门艺术,值得我们去练习。"静坐冥想,可以释放你内在的潜能,让你发现自己。

《菜根谭》中说:"风恬浪静中,见人生之真境;味淡声希处,识心体之本然。"意思就是,在宁静的环境中,可以发现人生的真正境界;在粗茶淡饭的素简生活中,可以洞见内心的本来面目。在静坐冥想中,你可以让自己去除多余的东西,让心灵返璞归真。

在忙碌的工作之余,每天静坐冥想 10 分钟,可以让你远离尘嚣,帮你清空头脑里的思虑杂念及负面情绪。你会发现,身心疲惫改善了,烦恼减少了,抑郁和痛苦减轻了。好像电动车充满了电,你将重新恢复精力和活力,以崭新的状态投身到工作和生活中来。

禅的真谛——如何保持内心的澄澈

原文

性天澄澈,即饥餐渴饮,无非康济身心;心地沉迷,纵谈禅演偈(jì),总是播弄精魂。

译文

本性清明和纯粹的人,饿了就吃,渴了就饮,这一切都是为了保证身心健康;心中迷乱糊涂的人,即使他们整日谈禅说佛,其实都是在浪费自己的精力而已。

保持本性的清明和纯粹,是我们立足于世最重要的事情。无论何时何地,我们都要远离物欲,不可被外界喧嚣所左右,造成自我思想的迷乱,甚至人性和道德上的沦丧。否则,你就算再怎么求佛参禅,也不过是做个假样子,白费时间和精力,起不到什么实质性的效果。

我有一位朋友,平时很喜欢读佛经,而且觉得读佛经显得自己很淡定,和别人大不相同,于是就在床头放了一本《金刚经》,还是精装版的。他早晨读,中午读,到了晚上还是读,时不时背上几句,摇头晃脑,好像已经领悟到禅的真谛,内心已经超凡入圣。但事实上,他的烦恼并没有消失,在工作生活中经常焦虑不安,动不动就暴跳如雷。他追求的只是一种形式主义,而没有从根子上解除自己心中的魔障。他看似在读着佛经,其实并不了解禅的深意,心思也根本不在佛经上,目的不是为了参佛,而是为了一种虚假的心理安慰。如果认为这样就能提升自己的品位，那就大错特错了，基本上等同于缘木求鱼。

《金刚经》中说："若以色见我，以音声求我，是人行邪道，不能见如来。"意思就是，如果执着于看到佛的色相、听到佛的声音，以这样的方式追求佛的智慧，这是世人走上了错误的道路。执著于外在，脱离内心去求法，是不可能见到真智慧的。我们唯有放下妄想执著，抛弃外在的形式，回归自己的内心，才能明心见性，修成一位真正的智者。

曾经有一个和尚，问了师父同样的问题："禅是什么？"师父回答："禅就是吃饭的时候吃饭，睡觉的时候睡觉。"你看，没有高深的理论，简单而直接。饿了就去吃饭，渴了就去喝水，困了就去睡觉，心中没有杂念，笃定不变地去干一件事，自然而然，不知不觉你就获得了人生的成功和圆满。

有人或许会说，吃饭、睡觉这是太简单不过的事情了，这算什么哲学呀。如果你这么想，那就大错特错了。想想看，如今有多少人一心一意去吃好一顿饭呢？他们吃饭的时候看着电视或者刷着手机，甚至想着让自己焦虑不安的事情，心思根本没有在吃饭上。睡觉的时候，更是糟糕透顶。他们在床上翻来覆去，胡思乱想，想起了一件又一件的事，越想越是愁闷，不知不觉就失眠了。这个世界上，有很多人睡不着觉，每天靠安眠药来促进睡眠。如果谁能帮这些人解决睡觉的难题，相信很快就能成为亿万富翁。由此可见，能够纯粹地做到吃饭就是吃饭、睡觉就是睡觉的人，心性是多么地澄澈和纯净啊。这样的人，心中没有杂念，即使他不去拜佛和参禅，但在实质上已经抵达了禅的境界，值得我们每个人效法和学习。

《菜根谭》中说："禅宗曰：饥来吃饭倦来眠。诗旨曰：眼前景致口头语。盖极高寓于极平，至难处于至易。有意者反远，无心者自近也。"意思就是，禅宗思想说：一个人饿了就吃饭，困了就睡觉。写诗宗旨说：多写眼前景致，多用老百姓听得懂的话。由此可以看出，高深的哲理，大都来自平常的生活；最难的事情，要从最容易的地方做起。那些刻意去求高深的人反而越求越远,去除刻意之心自然抵达最高境界。很多时候,事情就是这样,不要总是追求稀奇古怪和标新立异,大道至简,平平淡淡才是真。世上最正常的状态是自然,最有效的成功之道就是循序渐进、按部就班。成功没有什么秘诀,健康没有什么灵丹妙药。

过于妄想和执着,都是天性不够澄澈的表现。只有放下这些,回归事物的本来面貌,才能返璞归真。在现实生活中,我们万事不可强求,而是跟着内心的本原走,因缘自悟,这样才能体会到人生的美好。生活中,不管我们取得多大的成就,都要让内心远离喧嚣,回归自我本真的天性,如此方能抵达人生禅境。

在物欲横流的时代,世人最容易犯心外求法的毛病,不肯自我省悟,只想着拜拜佛、烧炷香,就能让内心安定了。可实际上却一点作用不起,反而适得其反。要想得到真正的"道",就得从根子上下工夫,让自己的本性回归澄澈,这才是自我拯救的最好做法。

在物我两忘的境界里找回真我

原文

当雪夜月天,心境便尔澄澈;遇春风和气,意界亦自冲融。造化人心,混合无间。

译文

在明月当空的雪夜里,心境也如皓月与白雪一样清澄明澈;当温和的春风徐徐吹来,人的心意也随之冲淡融合。可见,大自然与人心从来都是混合交织,亲密无间。

下过雪的夜晚,明月挂在天空,和暖的春风,正是大自然的美妙。人遇到这样的环境,心境与自然环境相互融合,达到一种天人合一的境界。

人人都喜欢白雪、明月和春风,那么问问自己,你的心中是否有这些美好的东西呢?你的内心是否像白雪、明月一样澄澈?你待人接物的态度是否像春风一样和暖?你做到这些了吗?事实上,很多人都做不到。有人心中充斥泥泞和阴影,待人更是毫无耐性,稍有不顺就暴跳如雷。所谓高情商,其实没有那么复杂,你只要学习大自然美好的一面就可以了。

《菜根谭》中说:"人心有个真境,非丝非竹而自恬愉,不烟不茗而自清芬。须念净境空,虑忘形释,才得以游衍其中。"意思就是,人的内心深处保留一个本性真实的境界,即使没有丝竹管弦等音乐来娱乐,自己也会感到舒适愉快，不需焚香烹茶也会感到满室清香。内心清净虚空，忘却纷杂的思虑和念头，释放形体的束缚，如此才能遨游在自由自在的世界之中，不知烦恼为何物，不在意衰老和死亡的到来。

因此，我们应当知道，要想找回自己内心的宁静和美好，就得像大自然一样，使自己的内心像雪一样白，月一样明，春风一样和气。这些如诗如画的比喻，描绘的是修身养性达到一定境界的样子。当你修行到了这个境界，无论遇到任何逆境，都能从容面对，不急不躁，坦然面对一切风云变幻，知道自己是谁，要去往何方，想要什么，不想要什么，从而获得心灵的解脱和自在，这才是真正彻悟生命并享受生活的人。

美国作家梭罗，因为厌倦了尔虞我诈的都市生活，为了追求一种天人合一的人生境界，做了一个惊世骇俗的决定，他来到瓦尔登湖边隐居，并写下了一本流传后世的名著，书名就叫作《瓦尔登湖》。书中有这样一些睿智的语句，道出了永恒的生命哲学——

我们的天地足够广阔：地平线并非触手可及，密林和湖泊亦非近在咫尺，中间总有空地。这是我个人的一方天地，这里有属于我自己的太阳、月亮和群星。从未有人夜间途经小屋，更不会有人深夜敲门，我遗世独立，好似太古之初、世界之末仅有的人类。

有时，在夏日的清晨例行沐浴后，从日出到日中，我一直坐在洒满阳光的门口，沉湎于幻想的世界。四面是松树、漆树和山胡桃树，鸟儿在周围歌唱，不时悄悄地掠过房顶，幽静笼罩着这里，直到太阳斜倾西窗，或遥远的大路上传来旅人马车的喧哗，我才意识到光阴的推移。好似玉米成长于暗夜，我在夏天获得了滋养，这远胜于双手操持的任何事功。

不管生活有多鄙陋，直面而生，切勿逃避，不必认为艰辛。人在豪富之日便是赤贫之时，挑剔的人身在天堂也会吹毛求疵。纵然生活窘迫，也应该满怀热情，即使身处寒舍，也应该享受欢乐、兴奋和荣耀。

我希望世界上会有尽可能多种不同的人。我希望每个人都能小心寻找和追求自己的道路,而不是走着他父亲、母亲或者邻居什么人的老路。

什么才是真正的快乐呢?如果让梭罗回答,一定能够听到不一样的答案。在梭罗眼中,自然是美好的,人的本性是崇高的,每个人都可以拥有与众不同的人生,都可以走出自己独特的道路。我们需要的并不是奢靡华丽的放纵,而是一种简朴而符合自我本性的生活方式,一种可以让心灵自由放飞的空间和环境。对梭罗来说,瓦尔登湖就是这样一个所在。对现实中的你我来说,同样需要找到属于自己的"瓦尔登湖"。

第十章

齐家的智慧——家族兴盛的忠告

家族兴盛的秘诀是什么?孟子说:"道德传家,十代以上;耕读传家次之;诗书传家又次之;富贵传家,不过三代。"如果子孙自己不争气,只是靠祖宗吃饭,即便暂时风光,也终究不会长久。要想家庭和睦、家族兴盛,留给孩子金山银山不如教给子孙做人做事的品德、规矩和学问。这些人情世故的智慧,才是留给后辈子孙的真正财富。

血浓于水,亲情不要掺和利益

原文

父慈子孝,兄友弟恭,纵做到极处,俱是合当如此,着不得一丝感激的念头。如施者任德,受者怀恩,便是路人,便成市道矣。

译文

父慈子孝,兄友弟恭,这样的人伦规范,就是达到了完美无缺的境地,也是应当如此,而不应心存一丝感激的念头。如果不是这样,施者自以为有德于人,受者自以为受恩于人,那就不是家人了,而是路上的陌生人。亲情关系也就变成买卖关系了。

人与人之间的关系很复杂,有着各种各样的"情",但不管时代怎么变化,亲情都是最重要的。家人是这个世界上与我们血脉相连的人,彼此之间的感情,是天然形成的自然之情,不需刻意追求结果和回报。浓浓的亲情永远都割不断,特别在以孝悌为处世准则的中华民族,亲情更是上天赐予我们的一份礼物。在所有的亲情之中,父母与孩子、兄弟姐妹之间的感情最为真挚感人,正所谓血浓于水,打断骨头连着筋。

三国时期，曹操杀了才华横溢但自作聪明的杨修，事后觉得有点儿对不起杨修的父亲杨彪，于是就送了很多礼物给他。后来有一天，曹操亲自去看望杨彪，本以为他应该从悲痛中走出来了，见到杨彪后他大吃一惊，因为杨彪已经瘦得几乎不成人形了。曹操问："你怎么瘦成这样了？"杨彪回答："我很惭愧，惭愧自己没有先见之明。现在我还像老牛疼爱小牛一样，对杨修怀着割舍不断的父子之情啊！"曹操听后，不禁也感到有些凄凉。叹气之余，他羞愧得说不出话来，悔恨自己一时冲动杀了人家的儿子。

舐犊之情（老牛舔舐小牛犊的疼爱之情）是动物都有的一种情感，更何况为万物之灵的人类呢？从某种意义上说，亲人之间的感情，原本出于人性本能，如果非要把这种爱加上利益的砝码，那就玷污了亲情的纯粹和神圣。

唐山大地震时，一家三口被埋在坍塌的屋子里，妈妈当场丧命，爸爸和九岁的儿子分别被石块压住，二人所困之处相距几米远。由于空间狭窄封闭，四周都是黑暗一片。此时儿子身体疼痛，加上恐惧，开始嚎啕大哭。爸爸则在不远处安慰着儿子，不停地陪儿子聊天、讲故事、说笑话，鼓励儿子要勇敢坚持，告诉儿子救援人员很快就会到来。

在父亲的安慰下，儿子渐渐平静下来，情绪不再激动，也不再害怕。外面的世界，由喧闹归为寂静，从白天变成黑夜，父亲充满希望的话语仍在耳边响起。37个小时之后，救援人员找到了他们。救援人员先救出儿子，幸运的是儿子身体并无大碍。随后，救援人员开始救援爸爸，救上来之后，大家都震惊不已！原来这个一直激励儿子的父亲，从右肩到右腿，早被一根水泥柱砸得血肉模糊。他充满爱意地望了儿子一眼，一句话也没说，就去世了。

我们的人生中除了自我的成长，还有家人和朋友。你不是孤单一个人，你的背后站着很多关心你以及需要你关心的人。当我们幸福时，亲人也会幸福；当我们悲伤时，亲人们也会悲伤。不管遇到什么困境，我们都要活出精彩的自己，不要辜负父母的厚爱、兄弟姐妹的呵护、亲人的关心以及朋友的支持。

在湖北省孝感市大悟县这个地方，曾上演过打动人心的一幕：为了给身患尿毒症的母亲治病，三个尚未成年的女儿，都争相要为母亲捐肾。母亲欣慰地说："不管我的病治成啥样子，我都没有什么可遗憾的了。因为有这么懂事的孩子，我已经很知足了。"

你看，这就是亲情的力量。英国剧作家萧伯纳说："家是世界上唯一隐藏人类缺点与失败，而同时也蕴藏着甜蜜之爱的地方。"在家里，我们的缺点和失败被容忍，我们感到温暖、安全和甜蜜。这是我们修心疗愈的最佳场所。

如果你注意观察，一定会发现很多家的门楼上都镌刻着"家和万事兴"这五个字。的确如此，家庭和睦是世人共同的渴望。德国文学家、思想家歌德说："无论是国王还是农夫，家庭和睦是最幸福的。"哪怕你贵为国王，如果家庭搞得一团糟，幸福感和成就感都会大打折扣，即使征服了全世界，仍然留有遗憾。

当然，家家都有一本难念的经。幸福的家庭都是相似的，不幸的家庭各有各的不幸。在现实生活中，有不少人并不爱护家庭，也不珍惜亲情。在他们眼中，亲人是可以利用的工具，家是利益交换的平台。他们既欺骗了家人，也在糟蹋自己。往大里说，古代家族间的政治联姻，这些王侯将相们为了名利，不惜将儿女当做物品出卖，利益成了衡量亲情的标准。往小里说，如今不少人为了钱财，编造各种理由去哄骗家人，不择手段，无所不用其极。比如臭名昭著的传销人员，利用亲人疼爱和担忧的心理，编织种种借口，让他们给自己寄钱，满足自己的欲望和虚荣，完全不理会亲人对自己担忧和挂念。还有些人,因为一丁点儿的利益,就与家人翻脸如仇,导致家庭不和。生活在这样的家庭,很难想象一个人能够活得舒心如意。

节奏越来越快的都市生活,让我们忽略了亲情的重要。联合国和平奖获得者池田大作说:"社会是战场,是令人不断处于紧张状态的舞台,而家庭则是心灵唯一的绿洲和安憩之地。"父母希望我们常回家看看,兄弟姐妹希望我们经常聚聚,然而不少人总是以"我很忙"为借口,打断他们期盼的话语。如果一个人不重视亲情,或者将家当作利益交换的集市,又怎么能感悟生活的真谛呢?又怎么能从这个世界上获得真正的幸福呢?

给子孙金山银山，不如让他们自己去奋斗

原文

问祖宗之德泽，吾身所享者是，当念其积累之难；问子孙之福祉，吾身所贻者是，要思其倾覆之易。

译文

要问祖宗给我们留下什么德泽，只要看看我们现在所享受的生活就知道了，所以应该时时感念祖先积德累善是多么艰难；要问子孙将来会享有什么福祉，只要看看我们此生能给他们留下什么恩泽就知道了，所以需要经常想想败德倾家是多么容易。

为后世子孙留下金山银山，不如给孩子留下美好的道德，树立优良的家风传统。否则，再多的钱也经不住子孙们坐吃山空。如果后世子孙能够继承道德准则和家风传统，做人做事像先辈一样优秀，那么留下金山银山其实也没多大必要。

当代诗人韩东写过一首诗，叫做《山民》：

小时候，他问父亲
"山那边是什么"
父亲说："是山"

"那边的那边呢?"

"山,还是山"

他不作声了,看着远处

山第一次使他这样疲倦

他想,这辈子是走不出这里的群山了

海是有的,但十分遥远

所以没等他走到那里

就会死在半路上

死在山中

他觉得应该带着老婆一起上路

老婆会给他生个儿子

到他死的时候

儿子就长大了

儿子也会有老婆

儿子也会有儿子

儿子的儿子还会有儿子

他不再想了

儿子也使他很疲倦

他只是遗憾

他的祖先没有像他那样想过

不然,见到大海的就是他了

山民因为理想不能实现,怪罪祖先没有为自己打下好的基础。其实,这样去怪罪祖先是没用的，因为任何事都要靠自己去努力，只寄望于祖先留下可以马上享用的"财富"，是一种无能的表现。山民不想做艰苦的长途跋涉，只想享用现成的福泽。"他只是遗憾，他的祖先没有像他一样想过，不然，见到大海的该是他了"——他把见不到大海的责任归结到自己祖先头上了。然而，他自己又为下一代做了什么呢？他只是抱怨而已，幻想在祖先的帮助下，自己轻轻松松地看到了大海。这只是不争气子孙的惰性思维罢了。

归根结底，许多人都有过这样的想法：如果我老爸是个亿万富翁就好了！如果我爸是个市长就好了……总之，只想乘凉，不想栽树，没有奋斗的血性。于是，不光他自己无法乘凉，也因为他不想栽树，他的后代子孙也都不能乘他的凉了。这是一种自私的无能。

当今社会，有些父母总是宁可苦了自己，也要满足孩子的愿望。对孩子的要求，父母真可谓有求必应。孩子大学毕业，找不到工作，就待在家里白吃白喝，甚至三十好几的人了，只知道衣来伸手，饭来张口。这怎么可能是一个有作为的子孙的所作所为呢？

作为父母，是否应该为孩子积攒钱财呢？对于此，清代林则徐的做法堪称现代人的榜样。曾经有人劝林则徐为子孙后代多留些金银财富，他说了一段经典的话："子孙若如我，留钱做什么？贤而多财，则损其志；子孙不如我，留钱做什么？愚而多财，益增其过。"林则徐认为，如果子孙像我一样优秀，我留下钱财能做什么呢？我给孩子们留下很多钱财，如果他们是贤良的人则会损耗他们奋斗的意志。如果子孙不如我，留下钱财到底有什么用呢？如果他们是愚蠢的人，我却给他们留下很多钱财，那他们更会胡作非为，不是增加他们的罪过了吗？要知道，即使你留给子女一座金山银山，如果他自己不争气，也会有"坐吃山空"的一天。怎么办？我们不如教给他做人的道理和做事的艺术，这才是能让他受用一生的遗产。

为什么"富不过三代"？孟子给出了解释："道德传家，十代以上；耕读传家次之；诗书传家又次之；富贵传家，不过三代。"也就是说，传给孩子富贵不如培养孩子道德，教孩子读书。

《菜根谭》中说："富贵名誉，自道德来者，如山林中花，自是舒徐繁衍；自功业来者，如盆槛中花，便有迁徙兴废；若以权力得者，如瓶钵中花，其根不植，其萎可立而待矣。"意思就是，一个人的富贵名声，如果是从道德修养中得来的，那就如同生长在山岳树林中的花草，会不断繁衍，绵延不绝；如果是依靠建功立业得来的，那就如同栽种在盆景栅栏中的花草，只要移植，花木的成长就会受到严重的影响；假若是靠权位和势力得来的，那就如同插在瓷瓶瓦钵中的花草了，由于它的根部没有深入到泥土中，所以很快就会凋零枯萎。富贵传家是一时的，犹如昙花一现，而道德传家则如松柏常青。

真正的有识之士都认同一个道理，富贵不应该来自祖先的赐予，而应该凭借自己的能力去争取。教育家陶行知说："流自己的汗，吃自己的饭，自己的事情自己干，靠天靠地靠祖上，不算是好汉！"如果自己不争气，只是靠祖宗吃饭，即便暂时风光，也终究不会长久。做人的品德、规矩和学问，人情世故的智慧，才是留给后辈子孙的真正财富。

非暴力沟通——解决家庭矛盾的好方法

原文

家人有过，不宜暴扬，不宜轻弃。此事难言，借他事隐讽之。今日不悟，俟来日正警之。如春风之解冻、和气之消冰，才是家庭的型范。

译文

家里人有了过错，不应该到处宣扬，也不应该轻易放弃而不追究。这件事本身不好说，就借托别的事情暗示讽劝。今天不觉悟，等到明天再严肃警告他，如同春风化解冰冻，如同和暖之气消除寒冰，这才是家庭教育的典型和模范。

俗话说："人非圣贤，孰能无过。"事实上，就连圣贤也是经常犯错的。然而，人性是个奇怪的东西，自己的过错往往看不见，对家人和他人的过错则十分敏感。都有过错时，我们对待家人和他人的态度往往不一样，我们对家人往往比对他人要更加苛刻。他人的过错，我们往往能够忍受，而看到家人犯错则会暴跳如雷。为什么会这样呢？这是因为别人的过错跟自己关系不大，大多时候不需要情绪激动。而家人就不一样了，我们对他们怀着很大的期望，正所谓"爱之深，恨之切"，大概就是这个道理。

当家人犯了过错，我们应该如何处理呢？《菜根谭》告诉我们，千万不要宣扬，不要挥起指责和训斥的大棒，而是应该在善待家人的基础上，用委婉巧妙的办法慢慢引导，用春风化雨般非暴力沟通的方式来启发他们自身的觉悟。其中，讲故事、打比方是常用的手段。

历史上有一个"掘地见母"的故事，乍一看挺恐怖，但实际却很温馨。故事向我们讲述了亲人之间遇到矛盾应该如何处理。故事是这样的——

在春秋时期的郑国，郑武公娶了武姜为妻，育有二子，长子寤生（即倒着生的意思），次子共叔段。因长子难产，次子顺产，所以武姜喜欢共叔段而厌恶寤生。

到了武公病危之际，武姜要立共叔段为太子，武公没有同意。不久，武公去世，寤生顺利继位，这就是历史上著名的郑庄公。

在母亲的要求下，郑庄公把京襄城封给了共叔段。共叔段到达封地后，开始招兵买马，阴谋篡位。郑庄公二十二年，共叔段以为时机成熟，马上和母亲武姜密谋，准备里应外合，攻打哥哥所在的都城，杀掉大哥自己当国君。谁知事情败露，密信被庄公查获。于是庄公派大将公孙吕率领 200 辆战车前往京襄镇压，共叔段只好逃到鄢地。公孙吕一路追杀过来，共叔段又逃到了共地，最后终于因为寡不敌众，败逃而去。

对于弟弟的所作所为，郑庄公心如刀绞。想不到母子相残、兄弟相残竟然到了如此的地步！对此，庄公十分愤怒，把母亲软禁在颍谷，并且发下毒誓："不及黄泉（地下水），毋相见也！"意思就是，看不见黄泉水，从此再不跟母亲见面！

时日一长，郑庄公开始有点儿后悔，但自己发了毒誓，便也无可奈何。颍谷的长官叫颍考叔，他得知主公因为弟弟对母亲发了毒誓，于是就留心规劝大王，寻找机会让他们和好。有一天，郑庄公约他吃饭。颍考叔吃饭的时候把肉都包起来，自己不吃。郑庄公感到十分奇怪，问他为什么不吃肉？颍考叔回答，小人有个母亲，很多好东西都吃过了，就是没有吃过大王赏赐的肉。等会儿我带回家去，让老人家尝尝。

郑庄公听闻以后，十分感动颍考叔的孝顺，同时眼睛红红的，他说："你有母亲可以尽孝道,可是我却没有母亲了!"颍考叔趁着机会说:"大王你不也有母亲吗?一样可以尽孝道的。"郑庄公摇了摇头说:"不行,我已经发过毒誓了,不见黄泉不相见也!"颍考叔说:"这个好办,大王只要派人挖一条隧道,一直挖出黄泉水即可。"就这样,郑庄公和母亲在流淌着黄泉水的地道里相见了,母子二人团圆,其乐融融。

颍考叔没有采取直接指责的方法,而是通过给母亲留肉的方式巧妙地引起郑庄公的悔意,同时又帮着出了奇招,从根本上解决了问题。他的方法值得我们学习和借鉴。亲人之间难免会有过错。比如不少人下班回到家,因为心情烦闷对着家人乱发脾气,如果家人的心情也不好,便会针尖对麦芒,家庭矛盾由此产生。

无论如何,我们都应该牢记,亲情的经营,就像织毛衣一样,一针一线,针针小心;千回百转,线线漫长,历经岁月才能织成。可拆毛衣就不一样了,只要找到线头,轻轻一拉,顷刻之间,一件漂漂亮亮的毛衣就变成乱线一团。由此可见,亲情的建立与维系,实属不易,但稍有不慎就会毁坏关系。所以,父母与孩子之间,兄弟姐妹之间,不管遇到什么矛盾,犯了什么过错,都应该采取巧妙的方式去说服和开导,而不是采取暴力手段解决。

现代文学家鲁迅有首诗说:"渡尽劫波兄弟在,相逢一笑泯恩仇。"对于自己的家人,本来就不该有什么不共戴天的仇恨,为什么不彼此体谅,以和颜悦色、春风化雨般的非暴力方式沟通交流呢?只要你采取了非暴力沟通的方式,就会发现家庭变得更加温暖了,世界变得更加和谐了,你的心中充满了爱和幸福。

别让坏朋友毁掉你和孩子们

原文

教弟子如养闺女,最要严出入,谨交游。若一接近匪人,是清净田中下一不净的种子,便终身难植嘉禾矣。

译文

教育子弟就像养闺阁中的女儿一样要小心谨慎,最重要的是严格约束他们的出入,注意他们和朋友的往来。一旦他们结交了品行不端的坏朋友,就好像在良田中播下了一粒坏种子,可能永远都种不出好的庄稼了。

生活在这个世界上,每个人都需要朋友。没有朋友的人是孤独的,朋友是抚慰心灵的一味灵药。然而,我们要知道,并不是随便什么人都值得交往,就像森林里的蘑菇,有的是美味的,有的则是有毒的。在交友的时候,我们一定要睁大眼睛,提高警惕。

法国作家巴尔扎克给出忠告:"没能弄清对方的底细,决不能掏出你的心来。"在现实中,因交友不慎,很多原本品性优良的孩子,走上堕落之路,就像良田里埋下一粒坏种子,很难清除干净,再好的美言忠告也听不进去了。

近墨者黑,近朱者赤,环境对人的影响很大,每个人都是这样。置身于什么样的环境,你就有可能成为什么样的人。除了坚忍的圣贤人物,大多数人都很难凭借自己的力量出淤泥而不染。正如俗话所说,学好三年,学坏三天。如果把一个本来很有理想的人放在纸醉金迷的环境中,让他交上几个不务正业的朋友，用不了几年，他可能就会随波逐流、浑浑噩噩地度日了，再也没有了当年的热血、理想，只剩下平庸和苟且。

所以，交朋友没错，但我们要结交品行好的朋友。宋代《樵谈》中说："与邪佞人交，如雪入墨池，虽融为水，其色愈污；与端方人处，如炭入薰炉，虽化为灰，其香不灭。"意思就是，与奸邪谄媚之人交往，就像是白雪倾入墨池，虽然融化为水，但颜色却被污染得更脏了；与正直之人相处，就像把木炭扔进薰炉，虽然被烧成灰烬，但这种香气却不灭绝。这句话打了两个形象的比喻，告诫我们要多交正直之士，躲开那些邪佞小人。对品行不好的人一定要保持距离，宁可不交。对坏朋友，我们要避而远之，实在不能躲开，也要守住心灵之门，千万不可受这些人的影响。

那么，我们应该如何结交品行好的朋友呢？有以下几条实用的指导：

以德交友良兮，患难与共；
以诚交好友兮，肝胆相照；
以知交挚友兮，见多识广；
以道交铮友兮，法乐融融。

在这里，让我们具体谈谈这四大交友准则：

一、以德交良友

品德高尚的朋友，可以与你患难与共。当你遇到困难时，他不会抛弃你，而是会主动帮助你，和你一起共渡难关。相反，那些品德低劣的势利小人，唯利是图，这样的人平时说得好听，但当你有难时，他跑得比兔子还快。

二、以诚交好友

诚是诚信，也是真诚，推心置腹，用真心换真心。彼此付出真心的朋友能够肝胆相照，遇事时能够两肋插刀。但在现实生活中，许多人都失去了"诚"的品质，只知欺骗和利用，没有一点儿真诚的态度。如果误交了这类人,你对他交心,他却对你耍手段,那么你离上当受骗也就不远了。

三、以知交挚友

以知识、文化或者共同的兴趣爱好为契机进行交往,往往可结交到真挚的朋友。他们知识丰富,见多识广,可以为你排忧解难。他们怀着满腔热忱,助人为乐,与你有了灵魂的沟通和互动,于是产生了真挚的友情。这样的朋友是可交的。不过,需要注意的是,我们不但要衡量对方的才学,还要考察他的品德和诚信。

四、以道交诤友

我们都知道"桃园三结义"的故事,刘备、关羽、张飞是因为志同道合才走到一起的,他们的目标都是拯救天下苍生,趁着乱世干一番轰轰烈烈的大事业。正所谓"道不同不相为谋",如果志同道合的人走到一起,能够很快交为诤友。这样的朋友,当你有错时,他会毫不隐瞒地指出来,帮助你改正。彼此信任,扬长避短,共同战斗。所以,这样的朋友既叫诤友,也可以叫战友。

为子孙造福的三个忠告

原文

不昧己心,不尽人情,不竭物力。三者可以为天地立心,为生民立命,为子孙造福。

译文

不违背自己的良心,不做绝情绝义的事,不耗尽物资财力。做到这三点就可以为天地树立善良的心性,为万民创造命脉,为子子孙孙造福。

中国人都受到修身、齐家、治国、平天下的影响。修身是基础,而齐家则是每个人都必须面对的一门重要功课。对大多数人来说,治国平天下是轮不到自己的,能把个人的家庭搞好就很不错了,毕竟能力有大小、机遇有穷通。

穷则独善其身,达则兼济天下。正如北宋大儒张载所言:"为天地立心,为生民立命,为往圣继绝学,为万世开太平。"这是一种宏大的理想和格局,值得我们立志去追求。然而,再高远的理想也需要一步步去实现,从日常生活中做起。修身修的是什么?修的正是良知。凡是中国人,我们从小就被耳提面命地牢记三条忠告——不昧己心:做人做事不能昧着良心;不尽人情:人情不可用尽,事情不可做绝;不竭物力:物力财力要保有余地,不可涸泽而渔,要懂得细水长流。这里的观点都体现出了战略思维,不要急功近利,不要在乎一城一地的得失。牢记这三条忠告,可以造福子孙,可以让家族兴盛,甚至能够"为天地立心，为生民立命"。为了让大家更为全面地理解，下面让我们具体展开论述——

一、不昧己心。古语说："善恶到头终有报，只争来早与来迟。"如果昧着良知做出坏事和恶事，哪怕一时之间可以获得好处，但终究会连本带利还回去。良知是什么？就是做人做事的道德准则和基本底线。

二、不尽人情。俗话说："做人留一线，日后好相见。"这告诉我们，做人做事不要做绝，人情不要一下子透支用尽。在这个世界上，人人生活都不一样，我们要换位思考，多想想别人是什么心情，不要绝对化，不要赶尽杀绝，尽可能地给别人留情面，关键时刻别人也能给你留情面。要知道，三十年河东，三年河西，别人落魄时，即使不能伸手相助，也至少不要落井下石，因为或许用不了多久，对方就会迎来转机。如果你总是把事情做尽做绝，那么等待你的可能是绝境。

我认识一个富豪朋友，他在当北漂那段时间，曾经在黑暗的地下室住过，所以非常理解贫穷的滋味，所以凡是亲戚朋友张口借钱，他都是非常大方地应允。有一次在一起吃饭，他跟我讲了一件事，那是一个远房亲戚，因为要买车，跟他借了5万块钱。一年后，他跟对方提出还钱的事，远房亲戚一拖再拖，后来就干脆不理他了。有一次发微信，他惊奇地发现这远房亲戚竟然把自己拉黑了！他摇着头说："这5万块钱对我来说，根本不算什么。我只是为这个亲戚感到遗憾。如果他这次不把事情做得这么绝，下次找我借钱，可以借到20万、50万，我都会毫不犹豫地答应。没想到，他一下子就把所有的人情用尽了！"

人情世故是什么？不是巴结逢迎、油嘴滑舌，不是酒桌上的八面玲珑，而是你能否看透人际交往的底层逻辑。你能否做到人情一来一往，做人做事信守承诺，保留空间和余地，让人情像水一样源源不断、细水长流。

三、不竭物力。 物力财力不要一下子耗尽用光,要有可持续发展的未来规划。如果你是一个上班族,每个月的工资不要月光,而要留出发展资金;如果你是一个农民,在冬天的时候,不要把种子吃了;如果你是一个渔夫,不要把河里的大鱼小鱼全捕光,你应该将渔网的网洞开大一些,并且在鱼儿繁殖和生长的季节留出休渔期。

根据《史记·殷本纪》记载:一天,商朝的大王汤外出巡游,看见有人在野外将捕捉禽兽的网朝着四面全部张开,并祈祷说:"降福于我吧,请让天下四面八方的猎物都进入我的网中!"汤听到后,叹息一声说:"唉,这太过分了!"于是命令猎人将兽网撤去三面,只保留了一面,让他祈祷说:"你们这些猎物啊,想到左边去的,就去左边逃生去;想到右边去的,就去右边逃生去;如果有不听命令的,那就请进入网中来吧!"各路诸侯听到商汤这件事后,纷纷称赞道:"我们大王已经仁德到极点了,竟然对禽兽都这么仁德,何况是他的子民呢?"

商汤这种不耗尽物资和财力的做法值得后人借鉴。俗话说,留得青山在,不愁没柴烧。如果你把青山一把火烧光,只剩下一片焦土,没有一棵小树苗,那么又如何能长久地靠山吃山呢?做人做事一定要有长远的战略眼光,不要只盯着眼皮底下的方寸之地,做出"杀鸡取卵"这样的愚蠢之事。

后记

为写作本书,本人精心研读明代洪应明所著《菜根谭》原文,并结合中国当今社会实际情况,梳理出一套自己的解读和诠释。那么,《菜根谭》究竟是一本什么样的书呢?

这是一本以处世思想为主的格言体小品文集,作者洪应明,字自诚,号还初道人。该书熔儒、释、道为一炉,糅合儒家的中庸思想、道家的无为思想和佛家的出世思想,处处可见真知灼见。内容包括修身、处世、待人、接物、应事等各个人情世故要点,所言所语一针见血、催人警醒。

《菜根谭》成书于明朝万历年间,四百年来影响深远、经久不衰。不仅于此,该书还传入日本,成为稻盛和夫等企业家的必读书。从日本明治四十年(1907)到大正四年(1916)的短短九年时间内,反复印刷了25次!中国众多有识之士都极其推崇本书,有人将《菜根谭》的理念提炼为"嚼得菜根者,百事可成"。可惜很多读者至今为止,仍未能领略本书奥义,实在是一大遗憾!

为了让《菜根谭》的思想流传更广,同时让中华优秀文化有助于世道人心,本人不吝鄙陋,斗胆对《菜根谭》进行当代阐释和解读。由于才疏学浅,我的解读难免单薄牵强甚至隔靴搔痒。书中出现的所有不足,恳请读者诸君见谅并不吝赐教。

在此特别公告广大读者:本书是继《每天懂一点人情世故:菜根谭中的做人做事智慧》畅销十年之后推出的第二部后续作品。第一部是从做人做事角度解读《菜根谭》,侧重于外在的策略和技术应用,而第二部则是从修身养性角度加以解读,侧重于内在的修炼和境界提升。两本书一外一内,互为补充,合为一体,共同为您的人生保驾护航!